KB009831

청춘의 여행,

바람이
부는
순간

청춘의 여행,

바람이 부는 순간

퇴직금으로 세계 배낭여행을 한다는 것

세나북스

279일 길은 여기까지, 여행의 끝에서 시작하는 이야기

어렸을 적 즐겼던 게임 중에 '스타크래프트'라는 게임이 있었다. 굳이 번역을 한다면 '별들의 전쟁'이 되겠다. 우주의 유한한 자원을 차지하기 위해 세 종족이 전쟁하는 게임이었다. 이 게임에는 '드랍십'이라는 수송기가 있었다. 드랍십은 명령하는 곳이 어디든 슝슝 날아가서 "바이, 바이, 바이!" 쿨한 인사와 함께 전우들을 숑숑 내려주었다.

인도에서 파키스탄 비자를 받지 못했다. 안전하지 못한 곳에 자국민을 보낼 수 없다가 대사관의 비자 발급 거절 이유였다. 앞길이 막힌 상황에서 나의 첫 반응은 화를 내는 것이었다. 혈육이 만나지 못하는 남북상황에는 무관심하면서 내 앞길을 막는 비자 발급방침에 분노하다니. 스스로가 우스웠다. 어쨌든 파키스탄에 갈 수 없다는 현실은 변하지 않았다. 육로가 막힌 상황.

비행기를 타야 했다. 항공권 예약을 위해 뉴델리 시내에 있는 PC방을 찾았다. 현실의 드랍십은 게임에서와 달리 '액티브X'의 설치를 요구했다.

인터넷 창이 액티브 X 설치 창으로 넘어갔다. 계속. 계속. 그리고 모든 과정이 초기화됐다. 망할 액티브 X! 100번째는 모니터를 뽑아버리고 싶었다. 하지만 누구를 탓하겠는가. 수수료 몇만 원 주고 여행사를 통해 비행기 표를 사면 될 것을 PC방을 전전하면서 긍긍하기로 한 내 선택인 것을. 결국 모든 과정에 10시간이 걸렸다. 한국이었다면 30분이면 해결할 일이었다.

그래, 여행은 이런 과정이었다. 내 모든 관성을 바꿀 것을 명령했다. 여행은 고독을 허용했고 또 그것을 명령했다. 조용히 걸을 것을, 여유를 가질 것과 기다림과 인내가 필요함을 일깨워 주었다.

왜 여행을 떠난 거야?

지난 10년, 나는 직업군인이었다. 안정된 직장이 있었고 승진을 했다. 공부가 하고 싶어 야간대학에 갔고, 집과 차를 가졌다. 진심으로 사랑했던 여자친구가 있었다. 마음을 끄는 것이 있다면 그게 무엇이든 마음껏 사랑했다. 하지만 그 무엇도 나를 채워주진 못했다.

2014년 2월, 군을 떠났다. 기세 좋게 전역했지만 10년의 관성을 벗어나는 건 말처럼 쉬운 일이 아니었다. 당장 보험금 납부를 어떻게 해야 할지 고민해야 했으며, 누우면 잠드는 데 3분이 채 걸리지 않던 내가 뜬눈으로 밤을 새우는 날이 많아졌다. 전역을 극구 반대하는 부모님을 설득하지 못했다. 전역 신청서를 제출했고 이 사실을 나중에 통보했다. 아버지는 의절을 선언하셨다. 6개월 동안 부자간에 대화는 없었다.

전역 한 달 후, 유서를 썼다. 그리고 배낭을 쌌다. 길 위에서 죽는다면 거기까지가 내 운인 것이다. 동해항에서 배를 타고 러시아로, 아시아를 거쳐 유럽으로, 아프리카로. 지금이야 개울물 흐르듯 순조로웠다 말하지만, 그날그날 맞이했던 시간은 한 치 앞도 내다볼 수 없는 어두운 시간이었다. 작은 돌부리에도 걸려 넘어져야 했고 막다른 길에서는 새로운 길을 만날 때까지 돌아가야 했다.

인도에서의 일이다. 콜카타로부터 40시간의 기차 여행 후 도착한 델리역. 어두운 새벽이었다. 기차에서 내릴 때 어쩐지 느낌이 좋지 않았다. 장이 꼬이는 느낌. 불안은 예상보다 빨리 현실이 되었다. 내장에서 쓰나미가 몰려오고 있었다. 어서 똬리를 틀라는 변 사또의 폭풍 같은 불호령이 내려왔다. 인생이라는 게 그런 거라지만 어두컴컴한 델리역 주변에는 아무리 찾아도 화장실은 보이지 않았다. 나락으로 간다는 건 이런 기분일까. 인간이란 무엇일까. 고작 대소변 장소를 가리는 것으로 인간과 짐승을 구분한다면 그건 슬픈 일일 것이다. 인간임을 포기하고 싶지 않았다. 어떻게든 이겨내야 한다. 그 짧고도 길었던 천고의 시간, 나는 인간이고 싶었다. 인도는 실로 철학의 나라였다.

이게 279일 동안 있었던 최고 위기였다. 그래, 부족해도 한참 부족하고 어설픈 여행이었다. 하지만 분명히 말할 수 있는 건 세상은 무시무시한 곳이 아니라는 것이다. 납치를 당한다느니, 사진을 찍고 나니 모든 짐이 사라졌다느니, 그런 곳만이 세상이 아니었다. 또 여행이라는 게 즐겁고 유쾌한 것만은 아니라는 것도 배웠다. 고독했다. 나에게 있어 여행은 외로움을 이겨내는 과정이었다. 이 사실을 알기 전까지 나는 끊임없이 나를 잃어야 했다. 매일 새로운 환경, 새로운 사람들 속에서 나를 새롭게 만들고 정의해야 했다. 울타리를 넘어가 미지에 맞선다는 것, 쉽지 않은 일이었다. 나를 잃게 되는 건 아닌지, 아무것도 아닌 여행이 되는 건 아닌지 두려웠다. 여행을 하면서도 여행이 무엇인지 몰랐다.

우린 답을 찾을 거다, 늘 그랬듯이

어벙류 인간인 나는 반응이 느리다. 직접 겪은 일도 찬찬히 되새김질하지 않으면 내 경험으로 만들어내지 못한다. 여행하는 동안 끊임없이 뒤를 돌아봐야 했다. 느리게 걸으며 지난 시간을 되새겨 보아야 했다. 느린 여행이었다. 적어도 1주일, 2주일은 같은 장소에 머무르려 했다. 뒤돌아보는 와중에 못난 내 모습도 보았고, 전역함으로써 포기한 안정적인 생활도 보았다. 발밑에는 자괴와 의구심이라는 늪이 있었다. 방심하는 순간 어느새 늪에 빠져있곤 했다. 끊임없이 자신에게 물어야 했다. 여행의 의미를.

소설가 김연수는 말했다. "세월이 흘렀기 때문에 우리가 변한 게 아니라 우리가 변했기 때문에 세월이 흐른 것이다" 여행이란 건 결국 변해가는 과정이었다. 세월을 흐르게 하는 과정이었다. 비행기 예매를 위해 PC방을 전전했던 10시간, 화장실을 찾지 못해 인간이란 무엇인가를 고민했던 시간, 이 궁색한 시간들 속에서도 세월은 흘러갔을 것이다.

'여기까지 왔는데 이건 해봐야 하지 않을까?' 무엇을 먹어보아야 하고, 무엇을 해보아야 하는 'MUST DO'가 세상에는 너무 많다. 하지만 휘황찬란하게 번쩍이는 네온사인 같은 빛 속에서도 나를 진정 내가 원하는 방향으로 이끄는 별은 없었다.

소란함을 줄여나가고, 불순물을 걸러내야 했다. 그런 의미에서 여행의 본질은 어둠이다. 고독하고 외로운 시간, 도망치고 싶은 공간. 하지만 우리가 어머니의 자궁에서 태어났듯, 씨앗이 우주를 품고 있듯, 우리를 나아가게 하고 성장하게 하는 생명도 어둠 속에 있다. 자신의 생명을 찾아가는 시간, 가슴속 단단한 곳에 뿌리를 내려 세상을 움켜쥐는 공간. 이러한 시공간에 들어가는 것이 여행이었다.

여행을 결심하던 날부터 모든 과정을 다른 사람과 나누고 싶었다. 하지만 부족한 경험을 나눈다는 건 넘기 힘든 벽이었다. 200일 하고도 79일, 여행을 시작했던 처음 자리로 돌아왔다. 벽은 여전히 내 앞에 있다.

하지만 늘 그랬듯 누군가의 모자람이 누군가에겐 채움이 되길, 누군가의 빛과 향기가 또 다른 이의 세월을 흐르게 해주길.

이동호

CONTENT

CHAPTER 2 여행에게 묻다

CHAPTER 3 사람들이 묻다

PASSPORT

CHAPTER 1

여행이 묻다

01. 동해항에서 러시아로, 자유의 첫걸음

/ 흑흑(黑黑)

intro

그 해 가을 나는 가슴 가득 즐거운 추억을 안고 남부의 고향집으로 돌아왔다. 북부 여행을 떠올릴 때마다 하나하나의 경험들이 자아내는 풍부하고도 다양한 놀라움이 나를 사로잡았다. 돌아보면 모든 일이 이 여행으로부터 시작되었던 것 같다. 새롭고 아름다운 세계의 온갖 보물들이 발아래 펼쳐지고 어딜 가나 즐거웠으며 배울 것은 천지에 널려 있었다. 나는 무엇 하나 그냥 지나치는 적이 없었으며 잠시도 가만히 있지 않았다. 마치 살날이 얼마 되지 않아 자신의 모든 존재를 한날에 모두 쓸어 담으려는 조그만 하루살이 벌레처럼 그렇게 스물네 시간조차 부족하다 싶을 만큼 바쁘게 살았다. 나는 수화로 이야기를 주고받는 많은 사람들을 만났다. 즐거운 공감대를 이루었음은 물론 우리가 나누는 생각들은 도약을 거듭하더니, 보라. 기적을 이루었다! 마음과 마음 사이 불모의 황무지에 장미꽃이 피어났다.

- 헬렌 켈러, 『내가 만일 사흘만 볼 수 있다면』

2013년 3월 31일, 기다리고 기다리던 세계 여행을 시작하던 날이었다.

서울 강변터미널에서 새벽 버스를 타고 도착한 동해. 배에 오른 뒤 바라본 동해항. 눈부시던 햇살, 바다 내음, 시작이라는 단어는 이런 날에 어울리지 않을까 싶은 그런 날이었다. 이제 배를 타고 러시아 블라디보스토크로 간다. 그래, 오늘부터 세계여행이다. 출항을 알리는 뱃고동 소리가 들렸다. 갑자기 눈앞이 캄캄해지면서 떠나기 싫다는 마음이 강하게 일었다. 그토록 학수고대해오던 여행이었는데 왜 이러지. 자유 뒤에 숨어있던 그림자가 나를 덮었다. 세상이 거대하게 다가왔다.

내 앞에 펼쳐진 동해의 끝없는 바다와 수평선 너머의 어둠. 통제할 수 없는 세계로 간다는 것. 내가 감당할 수 있을까. 두려웠다. 배가 천천히

움직였다. 이제까지의 내 삶은 부서지는 파도 속으로 점점이 사라졌고, 눈앞에는 예측할 수 없는 미지의 세계가 나를 기다리고 있었다.

러시아 블라디보스토크에 도착하면 인터넷으로 알게 된 러시아 친구 집에서 이틀 밤을 묵고 영제가 있는 하바로프스크로 이동한다. (영제는 나보다 2주 먼저 러시아로 떠났다) 이게 원래 계획이었다. 하지만 블라디보스토크에 도착하자마자 곧장 영제가 있는 하바로프스크행 기차를 탔다. 인터넷 친구에겐 연락도 하지 않았다. 하바로프스크로 향하던 시베리아 기차에서의 밤. 밤은 깊어갔지만 잠이 오지 않았다. 나는 도망친 것이다.

동해항에서부터 하바로프스크까지의 2박 3일. 두렵고 어두웠던 길. 그 길을 함께한 사람이 있었다. 할아버지와는 이스턴드림호 이등석, 같은 방에서 만났다. 할아버지는 마른 북어를 씹으며 위스키 '도라지'를 마시고 있었다. 염색한 지 꽤 지난 듯 검은색이 거의 사라져버린 흰 머리, 하얗지만 잘 다듬어진 콧수염, 웃으면 주름 속에 사라져버리는 작은 눈. 할아버지는 북한 말투를 썼다. "한잔 하갔소?" 그러면서 대뜸 위스키를 따라주었다. 할아버지는 하바로프스크에 사는 딸과 손주를 만나러 가는 길이었다.

할아버지의 부모님은 1942년 일제에 의해 사할린으로 강제 이주했다. 1944년 할아버지는 그곳 사할린에서 태어났다. 할아버지가 5살이 되던 즈음 아버지가 남한의 광산으로 징집됐다. 일본의 패전으로 사할린은 다시 소련 땅이 되었다. 아버지는 돌아오지 못했다. "돈 벌러 다녀오마."

이게 어린아이였던 할아버지가 들은 아버지의 마지막 말이었다. 소련에서 자란 할아버지. 한국인으로서 겪어야 했던 인종차별과 같은 동포들끼리의 갈등. 1988년, 할아버지가 사십 대 중반이 되던 즈음 남한에서 올림픽이 열렸다. 이 소식이 평생을 소련에서 살아온 할아버지가 처음으로 들은 남한의 소식이었다. 북한 소식만 들어왔던 할아버지가 발전된 남한의 모습에 놀란 건 당연한 일이었다. 1991년 소련이 해체되었고 냉전도 끝났다. 적십자의 도움으로 할아버지는 한국 땅을 밟아볼 수 있었다. 46년 전에 헤어진 아버지도 그때 만날 수 있었다. 그래도 아버지가 폐병으로 돌아가시기 전이라 다행이었다. 할아버지는 몇 년 전 한국 국적을 받고 지금은 한국에서 생활하고 계신단다. 하지만 할머니는 국적을 얻기 전에 돌아가셨다.

일제 강점기와 소련, 냉전의 종식과 러시아의 이데올로기를 온몸으로 겪은 할아버지. 나로선 그 역사와 순간순간의 장면들을 머릿속에 그려보기도 힘들었다. 그 세월을 지나오는 느낌이 어떤 것인지 상상하기 어렵다. 할아버지는 덤덤히 말했지만, 나는 듣는 것만으로도 가슴이 먹먹했다. 이야기에서 느껴지던 무게, 삶의 무게였다. 도망칠 곳 없는 삶을 살아온 할아버지와 여행을 시작하자마자 도망치고 있는 나. 여행을 시작한 둘째 날, 시베리아 열차는 끝없이 덜컹거리며 어둠 속을 달리고 또 달렸다.

어느새 날이 밝아 할아버지와 나는 하바로프스크에 도착했다. 하바로프스크 거리엔 눈이 쌓여 있었고, 사람들은 두꺼운 외투를 입고 있었다. 4월의 러시아는 아직 겨울이었다. 하지만 기차역에 마중 나온 영제를 보자 따뜻한 햇살에 눈이 녹듯 마음이 풀렸다. 할아버지와 헤어져야 할 시간이 됐다. 사실 그제야 할아버지를 믿을 수 있었다. 할아버지의 투박한 북한 말씨, 처음 보는 이에게 베풀어준 과한 친절, 맥주와 밥. 사실 사기꾼이 아닐까 의심했다. 진심과 거짓을 구분하지 못하다니. 스스로가 참 아둔하고 눈이 어둡구나 싶지만, 두려움은 진심도 보지 못하게 한다는 걸 그때의 내가 알 리 없었다. 어두운 길을 걸을지라도 누군가 곁에 있다면 그 어둠도 꽤 걸어볼 만해진다는 건 지금도 잊히지 않는 교훈이다. 할아버지에게 그런 사람은 할머니였을까.

블라디보스토크항에 도착했을 때, 할아버지와 짐을 찾고 기차역으로 갔다. 꼬부랑꼬부랑 러시아 말을 알아볼 수 없었다. "할아버지, 길을 잘 아

시네요." 할아버지가 답했다. "나 여기 살았소. 1975년에…." 정말 까마득히 먼 시간이다. 그 시간을 함께 해 온 할머니, 고생만 하다 돌아가셨다고 하셨다. 할아버지 눈에는 물이 고여있었다.

내일 다시 만날 것처럼 할아버지와 헤어졌다. 하지만 그런 내일은 오지 않았다. 그분을 다시 한번 만나볼 수는 없을까. 동해항에서 러시아 블라디보스토크로 가는 이스턴드림호를 타면 다시 만날 수 있을까. 이등석에 들어가면 할아버지는 마른 북어를 안주 삼아 '도라지'를 마시고 계시겠지. 그리고 내게도 한 잔 따라주시겠지.

02.
러시아 시베리아 열차, 창문 너머의 세상

/ 그대, 세상을
바라보는 창문은

intro

그 눈의 안쪽에는 여러 시대에 걸친 기억과 오랫동안 꾸준히 사고로 가득 찬 거대한 샘이 있는 것 같았다. 그러나 눈동자는 거대한 나무의 바깥쪽 잎새에 부딪히는 햇살처럼, 또는 아주 깊은 호수의 잔물결처럼 현재의 빛을 내뿜고 있었다. 잘은 모르지만 그것은 마치 지상에서 자라는 어떤 것, 잠들어 있다고도 할 수 있고 또는 자신을 뿌리와 나뭇잎 사이나 깊은 대지와 하늘 사이의 어떤 것으로 느끼는 그것이 갑자기 깨어나서는, 무한한 세월에 걸쳐 자기 내면의 일에 쏟아온 바로 그 느긋한 관심의 눈길로 지금 우리를 살펴보는 것 같았다.

- J.R.R. 톨킨, 『반지의 제왕』

러시아의 두 도시 하바로프스크와 울란우데. 러시아 최동단의 중심지인 하바로프스크와 몽골을 향한 관문인 울란우데. 광활한 시베리아 대륙 위에 놓인 두 도시를 잇는 시베리아 열차. 고요한 설원을 가르는 열차에서의 53시간. 얼룩진 객실 창문을 통해 세상을 보았다. 세상의 반은 하늘, 나머지는 눈 쌓인 평원과 숲이었다. 이따금 촌락을 지났고, 일몰과 일출을 만났다. 사람의 손길이 닿지 않은 세상. 고요했다.

중국 북경을 여행할 때의 일이다. 중국의 진미라는 북경오리를 먹었다. 북경오리가 푸아그라, 캐비어와 함께 세계 3대 요리라던데…. 우리는 고급 음식점에서 북경오리를 먹기로 했다. 고급이라는 단어는 가난한 우리에게 큰 결심을 요구했다. 북경오리 식당은 쉽게 찾을 수 있지만 워낙 가짜가 많은 중국이기에 돈을 조금 더 주더라도 '진짜'가 먹고 싶었다. 그리고 도착한 레스토랑. 은은한 조명으로 장식된 인테리어, 십 수 명의 요

리사들로 분주한 주방, 말끔한 양복을 입은 종업원들. 웨이터의 안내를 받아 테이블에 앉았다. 곧 북경오리가 나왔다. 화덕에서 잘 익혀진 오리는 윤기가 흐르고 붉게 빛났다. 요리사가 테이블에 와서 오리살을 발라주었다. 얇게 썰린 고기를 검은 소스에 찍고 오이채와 함께 얇은 밀가루 반죽에 싸서 먹는다. 종업원의 간단하지만 품위 있는 시범. 맛을 보았다.

어린 시절, 아빠가 퇴근길에 사 오던 전기 통닭구이가 생각났다. 6천 원짜리 통닭과 6만 원짜리 북경오리. 뭐가 다른 거냐. 알 수 없었다. 실망, 대실망! 누구냐, 대체. 세계 3대 요리를 정한 놈이.

소문난 잔치로 말하자면 인도의 타지마할도 빠질 수 없다. 인도의 수도 뉴델리에서 타지마할이 있는 아그라까지는 버스로 4시간이었다. 아침 8시 버스터미널, 나름 일찍 나갔는데도 타지마할행 버스는 아침 7시에 떠났단다. 다른 버스가 있지 않을까. 터미널 근처 여행사를 돌아다녔다.

'호구가 되기 위해 이 먼 인도까지 온 여러분을 환영합니다. 어서 바가지를 써주세요.' 바가지를 씌우려는 직원들. 뻔히 보이는 태도가 화를 더 돋우었다.

내가 만난 인도 사람들은 어린아이 같았다. 항상 자기가 옳았다. 공동의 선, 윤리는 없어 보였다. 다른 사람의 입장 같은 건 헤아리지 않았다. 밤 12시, 호텔에 누워 책을 읽고 있는데 종업원이 방문을 벌컥 열고 들어왔다. '이게 무슨 상황이지?' 따져보기도 전에 종업원은 홀연히 방을 떠나고 없었다. 기차를 탔다. 내 짐칸에 다른 이가 짐을 넣었다. 자기가 먼저 넣었으니 우리가 다른 짐칸에 넣으란다. 따졌다. 인도에서는 인도법을 따르라고 한다. 인도법은 모르겠고 싸움을 걸어오면 싸우는 게 내 법이다. 싸웠다. 길에서 말을 걸어오는 사람은 모두 사기꾼이었다. 사기를 당하고 바가지를 쓰고 강매를 당했다.

인도 여행 4주 차, 인도가 정말 싫었다. 길에 쓰레기가 넘치고 구정물이 흐르는 건 그래도 괜찮다. 하지만 예의 없는 건 못 참는다. 사람에 질렸다. 마지막으로 한 번만 더 기회를 주자. 인도를 좋아해 보자. 이것이 타지마할에 가는 목적이었다. 다섯 번째 방문한 여행사를 씩씩거리며 나왔다. 목적 달성의 길은 아득해져만 갔다.

물어물어 다행히 버스를 탔다. 원주민이 타는 로컬버스였다. 듣기로 관광객용 버스와 로컬버스의 차이는 에어컨이 있고 없고의 차이였다. 역시나 로컬버스에는 에어컨이 없었다. 로컬버스는 100년은 달린 듯한 버스였는데 얼마 남지 않은 생을 자동차의 본질에만 집중하기로 한 듯했다. 달리는 것 외에 할 수 있는 건 없어 보였다. 섭씨 38도. 가만히 있어도 땀이 맺히는 날씨였다. 버스는 열 수 있는 건 모두 열고 달렸다. 사람들이 타고 내리는 문도 열고 달렸다. 내 자리는 열린 문 바로 뒷자리였다. 버스가 빠르게 달릴수록 더운 바람도 더 세차게 들어왔다. 전혀 시원하지 않았다. 어차피 더운 바람인데 문을 열고 달릴 필요가 있는 건가요. 안전벨트는 없었다. 이거 벨도 못 눌러보고 황천 가겠네. 황천길 서늘함을 냉방에 이용하는 버스, 그 이름은 로컬버스.

인간은 역시 적응하는 동물이다. 무서움도 더위도 잠시, 버스를 타고 가다 보니 긴장이 풀렸고 배가 고파왔다. 아침 버스를 탄다고 일어나자마자 나와서 밥을 못 먹었다. 어쩐다…. 가만 보니 버스가 잠깐씩 멈추어 섰다. 정류장에서 멈추는 듯했다. 잠시 후 또다시 버스가 멈췄다.

"동호야, 뒤를 부탁해!" 영제가 바람같이 밖으로 튀어 나갔다. 영제를 기다리며 영제가 남긴 말을 생각해보았다. 영제가 돌아오기 전에 버스가 출발하면 어쩌지? 이대로 이별인가? 영제에게 빌린 돈은 어떻게 하지? 안 갚아도 되는 건가…. 애석하게도 영제는 금방 돌아왔다. 검은 봉투

를 들고서. 봉투에는 비스킷, 비스킷, 그리고 비스킷이 담겨있었다. 메마른 비스킷 한 무더기. 습도가 높고 더운 인도. 비슷한 날씨인 베트남에서 우리는 설사병에 걸렸다. 설사의 날들을 영제도 잊지 못하고 있었다! 또 다시 설사병에 걸린 채 먼 길을 이동해야 한다면? 상상조차 하기 싫었다. 생각 깊은 영제는 나름의 식중독 예방 식단을 사 온 것이다.

그래, 영제야 잘했어. 그런데 음료수를 하나만 산 이유는 뭐야. 섭씨 38도. 한 무더기의 비스킷. 목이 메었다. 비스킷을 씹을 때마다 고비 사막의 황사 바람이 불어왔다.

모로 가도 서울만 가면 될 거야. 타지마할에 도착했다. 저 하얀 건물이 타지마할이구나. 아름다웠다. 인터넷과 텔레비전이 보여준 그대로였다. 하지만 그게 전부였다. 텔레비전으로 본 것 외에 다른 게 없었다. 버스 왕복 8시간과 맞바꿔 올 만한 가치가 있는 곳이었을까. 알 수 없다.

안 변하는 듯 변하던 시베리아의 풍경. 그 세계를 가르며 지나가던 시베리아 열차. 열차에는 다양한 사람들이 타고 내렸다. 장기 출장을 끝내고 집으로 돌아가던 딸 바보 안톤 형. 형은 여행이 끝나면 피우라고 시가를 선물로 주었다. 3시간 내내 가족사진을 보여준 이즈크 할아버지. 새벽에 승차하며 들썩들썩 떠들썩 '우리 탔다 해', 잊을 만하면 '아직 있다 해'하며 존재감을 알리던 중국 상인들, 아침에 눈을 뜨면서부터 내릴 때까지 기관총 수다를 사정없이 쏘아대던 러시아 아주머니들. 때론 온기를 더해가며 때론 덜어가며 열차 안은 시시각각 분위기가 변했다.

한국에 돌아온 뒤, 스마트폰을 다시 개통했다. 어딜 가든 텔레비전이 있고 모니터가 있다. 화면은 세상을 보는 창문이 되어 말을 걸어온다. 이게 세상이야. 이렇게 살아야 해. 얼룩진 시베리아 열차의 창문이 생각난다. 창문을 통해 보았던 세상. 고요했던 세상. 세상은 생각보다 빠르게 변하지 않았다. 자신이 누구인지, 왜 사는지. 잠깐 멈춰 서서 질문조차 하지 못할 만큼 빠르지 않았다. '이렇게 살아야 해!' 그건 다른 사람의 의견일 뿐이다.

시베리아 열차의 창문은 말해주었다. 맛보고 땀 흘리며 살아갈 세상. 인생은 창문 밖이 아니라 떠들썩한 객실 안에 있다고, 지금 곁에 있는 사람에게 있다고. 지금 이 순간에 있다고.

03.
캄보디아 앙코르 와트, 지난 뒤에 치는 북소리

/ 정말로 이해하고 있는 거야?

intro

그 많은 성장의 열매는 어디로 갔는가? 석유, 금, 다이아몬드, 희귀금속…. 선진국과 글로벌 자본을 지탱하는 귀중한 자원이 대량으로 묻힌 대륙 아프리카. 강대국의 자원 확보 열풍 속에 저 빈곤의 땅이 지금 고도성장을 하고 있다. 그러나 성장의 대지에는 범죄와 분쟁이 끊이지 않고, 마약 밀수/금융 사기/해적 행위 등 국경을 초월한 폭력이 세계로 뻗치고 있다. 경제 수치는 나날이 호조이지만, 무장조직은 계속 세력을 불려가고 인신매매와 주민 학살은 심심찮게 일어나고 있다.

아프리카에는 왜 폭력의 태풍이 휘몰아치는가? 아프리카에서 왜 사회 격차가 심해지는 것인가? 자원은 사람과 사회에 무엇을 가져다주는가? 그 많은 해적은 어디에서 오는가? 인간의 끝없는 욕망으로 인해 벌어지는 폭력. 또 다른 폭력을 낳는 폭력. 어쩌면 아프리카는 우리 인류의 미래 모습일지 모르겠다.

- 시라토 게이치, 『오늘의 아프리카』

여행을 시작한 지 반년이 넘어가고 있었다. 나는 런던에 있었다. 어리바리한 내 몸은 아무래도 변화돼가는 환경에 제대로 적응을 못한 듯 싶다. 런던에서 3주를 보내며 향수병에 걸렸다. 의욕도 기운도 없었다. 셜록 홈즈 같은 범죄 소설은 절로 쓸 수 있을 듯 우중충한 런던 날씨는 우울함을 한층 더 업그레이드시켜주었다. 덜컥 감기까지 걸렸다. 향수병에 걸렸을 땐 친근한 세계로 돌아가는 게 명약이다. 한식집에 가면 직방이겠지만 가고 싶지 않았다. 된장찌개가 무지무지 비싸기도 했고 외국에서 한식을 사 먹는 건 어쩐지 지는 거라는 생각이 들었다. 슈퍼에서 500원짜리 빵 두 개를 사서 하루 끼니를 때우던 때였다. 맥도날드에 갔다. 햄버거 세트 1만 2,000원. 뭘 넣었길래 햄버거가 만 원이 넘는 거냐.

멈추면 비로소 보이는 것이 있다는 말처럼, 떠난 뒤에야 소중함을 깨닫는 것들이 있었다. 맥도날드 감자튀김을 먹으며 나는 그제야 베트남, 태국 등 아시아 나라의 물가가 참으로 저렴했다는 걸 절실히 깨달았다.

4,000~5,000원이면 고급 음식(고급 = 탕수육)을 먹을 수 있었고, 보통은 3,000원으로 둘이서 한 끼를 해결할 수 있었다. 런던에선 콜라가 2,000원이었다. 유럽 물가가 비싸다는 말은 들었지만, 미래를 진지하게 생각하지 않는 내가 그런 정보를 귀담아들었을 리가 없다. 유럽에서는 어떤 물건이든 사람 손을 거치면 비싸졌다. 유럽의 물가가 비싸다는 말은 인건비가 비싸다는 말, 사람값이 비싸다는 말이었다. 어쨌든 우리는 유럽에서든 아시아에서든 대부분의 순간 헝그리 정신에 대한 정절을 보석같이 지켰다.

방콕에서 항상 그랬듯 싸고 양 많은 식당을 찾던 어느 날이었다. 서울 같은 대도시 방콕에서 헝그리 정신을 환영하는 음식점을 찾는 일은 생각보다 시간이 걸렸다. 어느 순간 저렴한 식당 찾기가 귀찮아졌더랬다. 구석진 골목 안을 찾아다니기도 귀찮고, 외곽으로 나가기도 싫어졌다. 문득 이런 의문이 들었다. 우린 돈이 없는 것도 아니면서 왜 저렴한 음식을 고집하는 거지? 무엇 때문에, 누구를 위하여 헝그리 정신을 고집하는 거지? 금강산도 식후경인데 말이다. 음식은 그 나라 문화를 이해하는 중요한 뿌리가 아니던가. 우리에겐 '퇴직금'이 있지 않은가. 매일 비싼 걸 먹자는 건 아니지만 그렇다고 매일 저렴한 음식으로 끼니를 해결해야 한다는 법도 없었다. 'To be or Not(죽느냐 사느냐)'이 햄릿의 고민이었던 것처럼, 여행자의 고찰은 한 끼 식사에서 왔다. '비싼 식사를 하느냐 마느냐'를 결정하는 일은 때로는 우리에게 주어진 숙제와도 같았다.

이어지는 논쟁에서 나는 헝그리 정신을 옹호했다. 우리가 여행을 떠나온 이유가 진정 무엇이더냐. 현지인들의 삶을 경험하는 것이지 않은가. 음식은 삶에서 중요한 요소다. 격식이라는 껍데기가 없는 문화를 경험하자. 거짓 없는 그 나라의 진짜 문화와 만나자. 이게 우리의 결심이 아니었던가. 사실, 정말로 중요한 건 검약의 마음을 잃지 않는 것이다. 이건 마음의 문제다. 돈으로 호의호식할 수도 있지만, 이런 절약의 습관이 쌓이고 쌓여 훌륭한 자아가 형성되는 거다. 습관화시켜 놓지 않으면 물가가 비싼 곳에서 더 힘들어진다. 입에서 나오는 게 말이라는 건 알겠는데 무슨 뜻인지 모르는 말들을 쏟아냈다.

캄보디아에서 앙코르 와트를 여행하던 때의 일이다. 앙코르 와트는 12세기에 번영했던 나라 크메르의 수도였다. 크메르 왕국이 멸망한 뒤, 앙코르 와트는 500년 동안 발견되지 않았다고 한다. 900년을 묵묵히 한 자리에 서 있었다. 앙코르 와트는 인류가 다시는 만들 수 없을 것 같이 광활한 규모였다. 그 속에 얼마나 많은 사람의 피와 땀이 들어있을까. 3만 명의 장인이 만들었다고 하는데, 그 장인들의 기분은 어땠을까? 행복했을까? 역사를 만들고 있다는 기분이 들었을까? 앙코르 와트를 세운 크레르 왕은 어떤 생각을 했을까? 수많은 사람의 눈물, 피와 땀이 담긴 건축물이 이렇게 역사로 남는다는 건 아이러니다. 우리나라에는 왜 이런 웅장한 건

축물이 없을까 생각했는데 앙코르 와트를 보며 도리어 없어서 다행이라는 생각이 들었다.

넓고 넓은 앙코르 와트를 보는 방법은 세 가지가 있다. 택시, 툭툭, 자전거. 택시가 가장 비싸고 오토바이를 개조해서 택시와 비슷한 기능을 하는 툭툭은 하루 빌리는 데 15달러이다. 자전거 대여는 하루 1달러였다. 우리는 자전거를 빌렸다. 자전거는 할아버지 조깅 속도보다 느렸다. 앙코르 와트가 정말 넓었고, 하루 5시간씩 자전거를 타야 했다.

일몰은 그 자체로 아름답지만, 만약 그 일몰을 보기 위해 자전거를 타고 한 시간 길을 달렸다면, 그 일몰은 조금 더 특별해진다. 이제 와 생각하면 그 할아버지가 달리는 속도보다 느리게 자전거를 탔던 한 시간은 역사 속으로 천천히 들어가는 데 필요한 과정과도 같은 것이었다. 앙코르 와트는 이곳에서 9백여 년 동안 변치 않고 일몰을 봤겠지.

앙코르 와트와 함께 하루를 더하던 그 날, 평범했던 내 삶의 하루는 신비로운 기운에 에워싸여졌다. 하루하루의 시간이 모래알처럼 모여 앙코르 와트의 황금빛 신비로움을 만들고 있었다. 역사는 그렇게 쌓이고 우리의 인생도 흘러간다.

일몰을 기다리던 언덕에서 캄보디아인 포를 만났다. 해가 질 때까지 이런저런 이야기를 나눌 수 있었다. 그는 앙코르 와트 관광객이라면 모두가 머무는 관광 마을 시엠-립에서 식당 일을 하는 친구였다. 일주일에 하

루 쉬는데 결혼을 약속한 여자친구와 함께 데이트를 나온 길이란다. 관광객을 걸어 다니는 현금 인출기쯤으로 대하는 다른 장사꾼들과 다르게 그는 순수해 보였다. 그가 일하는 식당에 놀러 가도 되냐고 물었다. "한 사람당 12달러야. 괜찮겠어?" 비싼 가격이 걱정되었나 보다. 주변 식당은 한 끼에 보통 5달러를 받지만, 포가 있는 식당은 뷔페였다는 점에서 그리 비싼 편은 아니었다. "당연히 괜찮지." 포는 우리에게 식당 약도를 그려주고 그 옆에 자기 이름을 적어주었다. "식당에 와서 나를 찾아줘."

해가 진 후 우리는 어둠이 내리는 산길을 함께 내려왔다. 많은 이야기를 주고받던 중 어느결에 포의 주급을 듣게 되었다. "15달러 받아." 처음엔 그런가 보다 했는데, 뭔가 이상했다. 한 사람이 12달러씩 내고 먹는 식당의 종업원 주급이 15달러밖에 안 된다고? 캄보디아인 한 사람의 연평균소득이 2천 달러라고 들었는데. '피프티(50)'를 '피프틴(15)'으로 잘못 알아들은 건가? (내겐 충분히 가능성 있는 일이다) 손가락까지 써가며 세 번을 다시 물어봤지만, 그의 주급 15달러는 변하지 않았다. 일주일 노동의 대가가 15달러라니. 물론 포의 소득이 현지인의 평균 소득은 아니지만, 내가 흔히 가던 식당의 종업원이었다. 식당 종업원의 주급은 거의 다 비슷할 것이다. 그래, 어쩌면 포가 어리바리한 외국인에게 거짓말한 것일 수도 있겠다. 차라리 거짓말이라면 좋겠다. 그게 아니라면 나는 지금껏 그들의 노동력 착취에 일조하고 있었던 거니까.

관광객들의 돈은 도대체 어디로 가는 걸까?

동의보감에 따르면, 인간의 정신은 인간 그 자체이다. 정신은 먹는 것으로 이루어진다. 먹는 것을 비롯해 한 사람이 읽는 것, 보는 것이 곧 그 사람이 된다. 내가 만난 캄보디아의 현실. 5달러씩 주고 사 먹었던 밥은 현지인은 비싸서 사 먹을 수 없는 밥이었다. 그렇다면 그때까지 내가 먹은 밥은 뭐라고 불려야 하는 걸까. 그 뭐라고 불러야 할지 모를 밥을 먹으며 했던 내 여행은 과연 무엇일까? 맛집을 찾아가 먹을 생각만 했지 음식을 만든 요리사의 삶은 나의 관심 밖이었고, 그곳에서 일하는 종업원의 궁색한 형편을 나는 알지 못했다. 시장에서 물건값 깎을 생각만 했지 그 수공예품을 만든 장인의 마음은 보지 못하는, 그럴듯해 보이지만 진짜 알맹이는 없는 그런 여행이었다.

아래에 서면 이해할 수 있다는 말이 있다. 그래서 언더스탠드(UnderStand)라지. 겸손해질 때 보이는 것들. 요리사의 삶, 종업원의 인생, 장인의 마음, 그 나라의 진실. 여행을 다녀온 지금에서야 후회한다. 진실에 더 다가가도록 노력했어야 했는데, 더 겸손하게 그들 삶의 깊숙한 부분도 들여다봤어야 했는데. 비록 뒷북이지만, 다가올 내일엔 앞북이겠지. 삶의 작은 조각 하나가 반짝인다. 감사하다.

04.
태국 파타야, 상처뿐인 파타야 여행

/ 너 변했어

intro

세상에는 변하는 것과 변하지 않는 것이 있다. 변해야 할 것과 변해서는 안 될 것도 있다. 동서남북은 내가 어디에 있든 변하지 않고, 변할 수도 없다. 하지만 상하좌우는 내가 선 위치에 따라 수시로 바뀐다. 가변적이다. 동서남북을 상하좌우로 알 때 문제가 생긴다. 상하좌우를 동서남북으로 착각해도 비극이다. 바탕을 다지는 일은 동서남북을 배우는 일이다. 현실에 적용하고 실제에 응용하는 것은 상하좌우의 분별과 관련된다. 상하좌우만 알아서는 방향을 잃었을 때 집을 찾아갈 수 없지만, 동서남북을 알면 길을 잃고 헤매지 않는다. …(중략)… 공부를 그저 출세의 수단으로만 여겨서는 공부도 잃고 나도 잃는다. 사업을 단지 돈벌이의 방편으로만 생각하면 결국엔 패가망신하게 된다. 내가 왜 이 자리에 있는가? 나는 어디로 가고 있는가? 또 무엇을 위해 살고 있는가? 이런 물음에 수시로 자답해보아야 한다. 좌표를 설정하지 못하면 망망대해에서 나침반 하나 없이 떠돌다 풍랑을 만나 좌초하고 만다. 등등하던 기세가 막상 작은 시련 앞에서 맥없이 무너진다.

- 정민, 『다산선생 지식경영법』

태국 마사지도 배웠겠다, 팟타이(태국식 쌀국수)도 신나게 먹었겠다, 태국 여행을 마무리하기로 했다. 다음 나라는 인도. 비자를 받기 위해 인도대사관에 갔다. 비자 발급이 1주일 걸린단다. 태국에서 1주일이라는 시간이 다시 생겼다. (원래 내 시간이지만) 선물을 받은 기분. 그래서 결정했다. 방콕에서 버스로 2시간 거리인 파타야에 가기로. 파타야는 동양의 하와이라 불리는 곳이다. 여행을 시작하고 처음으로 바다에 간다.

사실 나는 바다에 가고 싶지 않았다. 바다는 바다, 거기서 거기가 아닌가! (그래, 이런 편협하고 고리타분한 마음으로 여행을 다녔다) 틈만 나면 바다에 가자고 말한 건 영제였다. 어쩌면 영제는 수중촬영을 위해 샀다는 아이폰용 방수 팩을 써보고 싶어서 바다에 가고 싶어 했는지 모르겠다. 그건 그렇고 때는 바야흐로 6월. 태국은 우기에 접어들고 있었다. 물의 나라 태국에서의 장마. 그게 어떤 모습일지 상상이 되는가. 잠깐 미래의 모습을 그려보았다.

파타야의 비췻빛 바다, 시원한 칵테일, 부드러운 모래, 쏟아지는 비. 쏴아. 아무도 없는 바닷가, 비를 맞으며 수영하고 있는 남자 둘. 이건 물놀이라기보다 군사훈련에 가깝다. 비 맞으며 훈련을 한다니, 최악인데? 그 순간 상상 속에서 그곳은 이미 파타야가 아니라 실미도로 변해있었다. 버스를 타고 파타야를 가는 길. 비가 왔다. 실미도가 실현되고 있었다. 다행히 가는 도중에 비가 그쳤다. 파타야에 도착했고 배를 타고 섬으로 갔다. 몇몇 호객꾼들을 뒤로하고 숙소를 잡았다.

숙소에 들어가자마자 영제는 '방수 팩'을 꺼냈다. 영제의 '아이폰용 방수 팩'. 드디어 만났다. 여행을 출발하던 날부터 영제가 자랑하던 녀석이다. 생전 처음 보는 방수 팩. 집에서 흔히 쓰는 지퍼락과 비슷하게 생겼다. 핸드폰을 넣고 지퍼를 잠그면 끝. 사용법이 의외로 간단하다.

'너무 간단하다. 믿어도 되는 걸까, 이 녀석?' 세면대에서 시험 입수 실행. 우려를 불식시키며 비닐 팩은 완벽한 성능을 자랑했다. 와우, 파타야 여행 비디오는 수중 비디오다! 우리는 바다로 뛰어갔다. 다행히 상상과 달리 사람은 많았지만, 대부분 커플로 오는 파타야에서 남남 커플은 철저히 고립된 부류였다. 영제는 아이폰에게 피부에 닿는 바다 수영을 맛보여 주고 싶었나 보다. 영제는 방수 팩 지퍼를 잠그지 않았다. 세 시간 후 발견된 아이폰. 물을 너무 많이 마셨는지 뇌사상태에 빠져 있었다. 좋은 건 나눠야 하는 법이라던가. 바다를 좋아하는 영제. 기계에까지 나눔을 실천한 영제. 너의 모습 감동이다. 앞으로는 물건뿐만 아니라 그 물건을 쓰는 인간도 꼭 점검해야겠다.

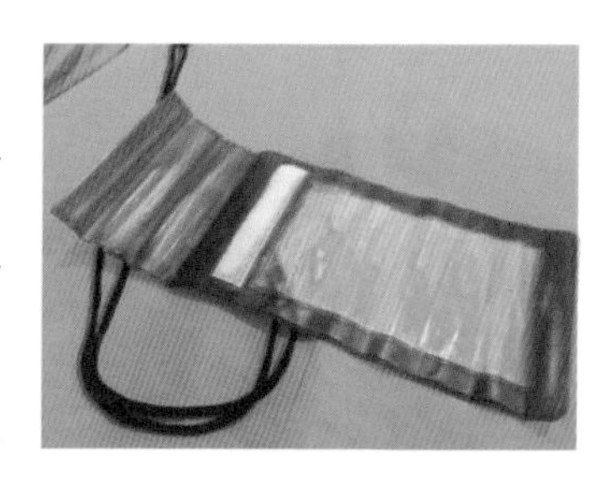

파타야에 사흘간 머물며 스노클링을 했다. 산호섬의 바닷속, 처음 보는 세계의 아름다움과 경이로움. 하지만 그 대가로 조개껍데기에 베이고 긁혀야 했다. 멍게에 쏘였(다기보다는 우리가 밟았다)을 때 발끝에서 느껴지던 아련한 고통. 파타야를 떠나던 날, 우리는 빠른 도시 적응(신발 신고 다니기)을 위해 각종 상처에 '빨간 약'을 발라야 했다.

영제가 먼저 발랐다. 오른손잡이가 보통 그러듯 영제는 왼손으로 약병을 들고 뚜껑을 열었다. 뚜껑에 달린 막대가 빨간 약을 충분히 머금고 있는지 확인했다. 상처가 있는 왼손 손바닥을 눈앞으로 가져와 약을 바르

기 시작했다. 영제는 마치 고대 주술사가 된 듯, 자신의 정성으로 상처가 치유되고 있다는 듯 열심히 약을 발랐다.

"어? 이거 뭐야?" 영제가 말했다. 빨간 약이 새고 있었다. "약병이 새나?" 영제는 약 바르는 것을 멈췄다. 잠시 상황 파악을 했다.

"…앗!"

약을 바른다고 들고 있던 병도 같이 뉘었다는 사실을 그제야 깨달았다. 영제는 약병을 바로 세웠다. 약병은 마지막 빨간 약을 마저 쏟아내고 있었다.

"…."

1년 치 빨간 약이 한방에 사라졌다. 내 상처는 침 바르고 나으라는 거냐. 아프니까 청춘이니 약 나부랭이에 의지하지 말고 이 악물고 강해지라는 뜻일까. 영제의 깊은 마음에 나는 또다시 감동 모드.

파타야에서 방콕으로 돌아와 인도 비자를 받았다. 인도행 비행기를 기다리며 지난 3박 4일을 돌아보았다. 파타야 여행은 여러모로 우리에게 상처뿐인 여행이었다. 영제의 뇌사폰은 결국 한국으로 조기 귀국했다. 나는 약을 바르지 않은 핑계로 엄살이 심해졌다. 이 파타야 흔적들은 우리에게 많은 영향을 미쳤다. 영제는 아이폰의 자리를 아이패드로 대신했다. 아이패드는 영제에게 전자책이라는 신세계를 열어주었다. 나의 도시 적응, '신발 신고 다니기'는 운동화에서 샌들로 변질됐다. 이로써 나는 아저씨 패션을 완성했다. 파타야를 가기 일주일 전과 일주일 후, 우리는 달라져 있었다.

평범한 의대생이었던 체 게바라. 1951년, 오토바이를 타고 남미를 여행한다. 여행 중 그는 민중의 빈곤과 지도층의 착취를 본다. 여행에서 돌아온 뒤 그는 혁명가가 되었다. 체 게바라는 남미 여행을 이렇게 끝맺었다. "이번 여행은 생각 이상으로 많은 것을 변화시켰다. 난 더 이상 내가 아니다. 적어도 이전의 나는 아니다."

여행을 다녀온다고 모두 혁명가가 되는 건 아니다. 하지만 여행은 누구에게나 흔적을 남긴다. 흔적은 뜨거운 불에 화상을 입는 것과 같다. 멍게에 대한 트라우마가 생긴다던가, 겨울에도 샌들을 신고 다닌다는 식으로 남는 지질한 흔적도 있다. 인생의 상처도 어떤 식으로든 흔적을 남긴다. 상처는 언젠가 사라지지만 어떤 흔적은 영원히 남겨진다. 그리고 신념이 되기도 한다. 사람은 그렇게 변해간다.

05.
인도
맥그로드 간즈, 지금 만나러 갑니다

/ 무엇을 향해 가고 있는가

intro

너는 이제 더 이상 남을 통한 간접적인 방법으로 뭔가를 얻을 수가 없을 것이며, 죽은 사람의 눈으로도 볼 수 없을 테고, 책 속에 있는 유령들을 만족시킬 수도 없을 것이다. 마찬가지로 내 눈을 통해서도 볼 수가 없을 것이고, 나를 통해서도 뭔가를 얻을 수 없으리라. 너는 스스로 모든 방면에 귀를 기울이고 필요한 것을 걸러내야 할 것이다.

- 월트 휘트먼, '나 자신에 관한 노래(Song of Myself)'

인도의 혼란함과 번잡함을 피해 갔던 북인도, 맥그로드 간즈. 그곳에는 해발 2,875m의 산이 있었다. 우리는 트리운드를 올랐다. 산을 오르기 전, 트리운드 정보를 검색했다. '올라가는데 3시간 정도 걸려요. 별로 어렵지 않습니다.'라는 어느 블로거의 이야기. 그 말을 믿고 가벼운 마음으로 출발했다. 어쩐 일인지 3시간은 3시간 전에 지나갔지만 정상은 나오지 않았다. 8시간. 가히 지리산 뺨치는 산행이었다. 3시간 만에 주파했다는 그 블로거는 엄홍길 아저씨였나. 8시간을 걷는 것보다 언제 끝날지 모르는 길을 계속 오른다는 사실이 더 힘들었다. 마지막 남은 치약까지 다 짜내듯 모든 힘을 다 쥐어짜서 소진한 느낌이었다. 차두리 형의 말대로 모든 피로를 간 탓으로 돌리고 돌아가고 싶었다. 하지만 이 산행을 포기할 수 없었다. 어떻게든 정상에 가야 하는 이유가 있었다.

'산 정상 매점에 매기라면이 있다고 하던데….' 함께 산을 오른 종학이가 인터넷에서 본 정보다.

'메기라면? 혹시, 메… 메기매운탕 라면?' 산 위에서 매운탕을 판다는 게 좀 이상하지만 어찌 되었건 매운탕이라니! 매운탕을 외국에서 먹어보다니, 포기할 수 없다! 나는 이를 악물었다. 매기와 정상에서 만났다. 메기가 아니라 매기(Maggi) 라면이었다. 라면 이름이 매기라니. 메기와 매기, 겨우 점 하나 찍는 방향이 바뀌었을 뿐이지만, 천국과 지옥으로 그 감흥의 강도가 갈렸다. 해발 2,875m, 구름 속에 앉아 김이 모락모락 나는 매기라면을 쳐다보았다. 인터넷정보를 쉽게 믿지 말아야겠다고 굳게 다짐했다.

누군가 내게 등산의 매력이 뭐냐고 물어본다면, 나는 '돌아봄'이라 말하고 싶다. 지나온 길을 되돌아보는 맛. 오를 땐 몰랐으나 그곳이 얼마나 멋진 곳이었는지 깨닫는 맛. 힘든 산일수록 그 맛은 깊다.

독일의 대문호 괴테. 서른셋 생일에 이탈리아 여행을 떠난다. 이 여행으로 그의 인생은 전기와 후기로 나뉘었다. 괴테는 이때의 경험을 책으로 냈다. "길 위에서 나는 내가 그동안 써 온 작품의 인물들을 만날 수 있었다." 괴테 마음속에는 글이 있었고 그는 길 위에서 작품을 본 것이다. 스즈키 히데코 수녀님은 이렇게 말했다. "당신이 오늘 살고 있는 것은 반드시 당신을 진심으로 사랑해준 사람이 있기 때문입니다. 설령 당신이 그 사람을 기억하지 못한다 해도." 길 위에서 나는 내가 사랑하는 사람들을 보았다. 부모님, 내 삶의 큰 기둥이신 두 분. 그분들의 은혜를 어찌 갚을 수 있을까. 둘째 아들이 커가는 만큼 두 분은 작아지셨다. 공무원 아들이 혼자 앞가림한다 싶으셨을 텐데 걱정과 불효를 드렸다. 계속 걷는 길, 내가 사랑한 시간, 내가 사랑한 꿈이 보인다. 그리웠다. 포기하고 산에서 내려가고 싶었다. 그 옛날 글공부를 중단하고 집으로 돌아온 한석봉. 공부를 다 마쳤다는 생각에 돌아왔다는 것은 핑계일 뿐, 사실은 어머니가 그리워서 집으로 돌아온 것은 아니었을까?

길 위에서 나의 모습도 보았다.

전역 신청서를 제출하던 날이 떠올랐다. 그리고 칠흑 같은 밤과 마주할 때면, 앞으로의 여행 계획이 잘 진행될 수 있을까 하는 스스로에 대한 의심이 나를 사로잡는다.

여행을 떠나기 전, 이 사람 저 사람에게 여행을 떠나는 이유를 수도 없이 말했다. 내 나이 스물여섯. 마음속엔 이젠 나도 뿌리를 내려야 한다는 조바심이 분다. 지난 10년, 울타리가 되어주고 많은 배움을 주었던 군생활을 마무리하고 새롭게 길을 나선다. 지금의 현실에 머무는 것은 정착이라는 느낌보다는 퇴보라는 강렬한 생각이 가슴 깊은 곳에서 끝없이 솟구쳐서 견딜 수가 없었다. 군대에서의 삼십 년을 상상해 보았다. 그 모습은 너무도 서글프고 내가 진정 원하는 나의 삶이 아니었다.

어느 날 절벽에 매달린 무화과나무를 보았다. 그늘진 곳에 뿌리를 내린 무화과나무는 햇볕을 쫓아 기괴한 모습으로 자라버렸다. 있어야 할 곳이 아닌 곳에 뿌리를 내리고 살아갈 수는 없다. 기괴하게 늙고 싶지 않았다. 포근한 안개 속을 걷듯 행복했던 어린 시절, 내 존재를 드러내기 위해 조바심 내던 이십 대 초반, 나만의 길을 찾아온 지금.

나는 그동안 안정적인 인생길을 걸어왔다. 안정적인 삶, 이것이 왜 중단되어야 하는가. '나의 행복을 바라는 이들'이 내게 진정 바라는 것은 무엇일까? 편안한 아파트 소파에 누워 책을 읽으며 언젠가 다가올 노년의 날에 목덜미를 붙잡히길 기다리는 것? 아니, 내게 그런 세월은 없을 것이다. 고작 아파트를 위해 살지 않겠다. 세상이 정해준 기준 따위에 얽

매여 살지 않겠다.

내 안에서는 새로운 만남과 배움, 그리고 새로운 삶에 대한 막연하지만 분명한 욕망이 나를 향해 손짓하고 있었다. 광활한 평원, 쏟아지는 비바람을 온몸으로 맞고, 느낌이 다른 햇살 아래를 한없이 걷는 나를 꿈꾼다. 변명하기 위한 삶을 살지 않겠다. 이제 다시는 돌아올 수 없는 강을 건넌다. 어느 곳에도 얽매이고 싶지 않았던, 물 흐르듯 살아보고 싶었던, 아직 개울조차 벗어나 보지 못한 나 자신을 보았다. 모든 젊은이의 실수를 부르는 들뜸, 하지만 젊은 날의 모든 가능성을 열어주는 바람에 몸을 맡기고 싶었다.

이 여행이라는 산 너머에 내일의 내가 있을 것이다. 그곳을 향해, 지금 만나러 가고 있다. 하루하루 지날수록 한국에서 멀어지고 있지만 한 걸음 한 걸음 가까워지고 있다. 우리는 현재에 살지만 미래를 향해 나아가는 존재이므로.

'꿈을 꾼다' 그건 우리가 미래의 우리에게서 꿈을 꿔(Borrow)온다는 말이다. 하루하루 충실히 빚을 갚아 나간다면 미래의 우리를 만날 수 있다는 말일지도 모른다. 여행을 다녀온 나는 나를 만났을까? 물론이다. 그리고 새롭게 갚아야 할 빚이 또 생겼다. 넘어야 할 산도 생겼다. 만나고 싶은 내가 있다. 나는 여전히 나를 만나러 가고 있다. 미래의 나와 지인들은 어떤 모습일지 궁금하다. 지금, 만나러 간다.

06.
이란,
뒤를
돌아보면

/ 다시 만날 수 없더라도

intro

하나의 길은 백만 갈래의 길 중에 하나일 뿐이다. 때문에 내가 택한 길은 그중 하나일 뿐이라는 점을 잊어서는 안 된다. 그 길을 따라가야 할 것 같은 생각이 들면 잠시도 머무르면 안 된다. 내가 택한 길은 그중 하나에 불과하다. 도중에 방향을 바꿨다고 해서 내 자신이나 다른 사람을 나무라면 안 된다. 마음이 가는 대로 행한 것이라면 말이다. 하지만 그 길을 고집하건 포기하건, 두려움이나 야망에서 비롯된 판단이어서는 안 된다. 경고하건대, 모든 길을 자세히, 꼼꼼하게 살펴보아야 한다. 따라서 우리는 가능한 한 많은 길을 걸어 봐야 한다. 그리고 나에게 이런 질문을 던져봐야 한다. 이 길에는 생명이 있는가. 어떤 길이건 마찬가지이다. 뚜렷한 목적지가 있는 길은 없다. 덤불 숲을 가로지르느냐, 덤불 숲으로 이어지느냐, 덤불 숲 밑으로 지나가느냐가 다를 뿐이다. 그 길에 생명이 있느냐가 유일한 관건이다. 그런 길이라면 좋은 길이다. 그렇지 않은 길은 아무 짝에도 쓸모가 없다.

- 카스테나다, '돈환식 가르침'

알라신은 이슬람교도에게 이방인을 환대할 것을 명한다. IS 같은 이슬람교를 앞세운 극단적인 과격 단체가 있지만, 보통의 무슬림 사람들은 외국인에게 친절하다. 무슬림이 과격하게 보이는 것은 어쩌면 3%도 안 되는 소금이 바다를 짜게 만드는 것과 같은 현상일 수도 있다. 아니면 짠 부분만 보여주는 미디어 탓일 수도 있다. 이슬람은 기본적으로 개인의 구원만을 추구하는 종교가 아니다. 세계가 어떻게 굴러가야 하는가에 대한 사회적인 변화를 말하는 종교이다. 다시 말해, 공동체는 어떠해야 한다는 교리를 말하는 종교다. 그래서 전통적으로 종교지도자가 사회지도자였고 여전히 몇몇 국가에서는 전통이 유지되고 있다. 그렇지 않더라도 종교지도자들은 여전히 강한 영향력을 가지고 있다.

이슬람교는 예언자 무함마드에 의해 설파되었다. 그가 설파한 말이 적힌 책이 코란이다. 무함마드는 홀로 동굴에 들어가 명상을 하던 중 알라신을 만난 것으로 전해진다. 이슬람교에서는 무함마드가 코란의 첫 번째 경구를 계시받은 날을 축일로 여긴다. 이 축일을 성스럽게 맞이하기 위해 이날을 앞둔 한 달 동안 금식을 한다. 이 한 달을 '라마단'이라고 한다. 라마단은 이슬람력으로 '아홉 번째 달'을 뜻한다. 라마단 기간에는 음식, 음료, 흡연, 성행위가 금지된다. 금기 사항들은 해가 뜨기 시작하는 순간부터 해가 저물 때까지 지켜진다.

라마단 기간에는 이슬람 신자가 아닌 외국인이라도 금식하는 사람 앞에서 먹거나 마시는 것은 예의에 어긋나는 행동이다. 밥을 먹고 싶다면 숨어서 먹어야 한다. 물가가 저렴한 이란. 애석하게도 우리가 이란에 도착한 때는 라마단 기간이었다. 저렴한 물가를 즐길 수 없었다. 해가 떠 있는 낮에는 대부분의 식당이 문을 열지 않았다.

식욕에게 무함마드가 어쩌고 알라신이 어쩌고는 통하지 않았다. 끼니는 때가 되면 어김없이 찾아왔다. 몇 시간 전에 배부르게 먹었지만 지금 배가 고픈 건 배가 고픈 거였다. 이전에 지나간 끼니는 다가오는 끼니 앞에서 무용했다. 식당을 찾아 나설 시간이다.

식당을 찾으려면 적어도 30분은 헤매야 했다. 길에서 만난 이란 사람들은 식당이 있는 곳을 은밀하게 알려주었다. 드디어 찾아간 식당은 지하

에 있었다. 불이 꺼져 있었다. 어둠 속에서 밥을 먹고 있는 사람들. 달그락 달그락. 수저와 그릇이 부딪치는 소리만 났다. 지하 혁명조직의 느낌이었달까.

이란은 햇볕이 강한 나라다. 이란 땅을 덮고 있는 모래는 나무가 자라기엔 적당하지 못하다. 별로 없는 풀조차 모래 먼지를 뒤집어쓴 덕분에 세상 모든 것이 다 모래색으로 보였다. 이슬람 신전 모스크는 사막 한가운데에 꽃처럼 피어나 있었다. 그 찬란한 푸른색과 웅장함 앞에 입이 벌어졌다. 신전은 도시 어디에서나 보일 정도로 컸고 그 아름다움은 모든 사람의 마음을 끌기에 충분했다.

하지만 금강산도 식후경이다.

이란 소녀 네긴과는 식당 가는 길을 묻다가 만났다. 네긴은 검은 차도르보다 더 까만 눈썹을 가진 여학생이었다. 25살쯤 됐을까 싶었는데 16살이라고 했다. 영어가 유창했다. 그러고 보니 이란은 반미 국가인데도, 사람들은 할아버지 세대부터 젊은 세대까지 영어를 잘했다. 네긴이 식당까지 데려다주겠다고 선뜻 길 안내를 자청했다. 안내해준 곳은 경양식집. 이란에 와서 매일 양고기 케밥(꼬치구이)을 먹었다. 양고기는 먹으면 먹을수록 비린 맛이 강해졌다. 물렸다. 그러던 중 오랜만에 피자가 있는 식당에 간 것이다. 우선 콜라를 주문했다. 덥고 건조한 이란 날씨는 설탕물이 절로 생각나게 만든다. 콜라를 따서 한 모금 마셨다. 피자를 주문했다.

응? 네긴이 우리 테이블에 계속 앉아 있었다. 식당에 도착했으니 이젠 괜찮은데. 우리랑 같이 밥을 먹으려는 건가. 하지만 네긴은 라마단을 지키는 탓에 음식을 주문하지 않았다. '앗, 설마… 꽃뱀?' 아무리 덩치가 크다 해도 고등학생 여자애가 성인 남자 세 명을 어쩌겠어. 스스로를 안심시켰다. 하지만 네긴의 주먹은 내 주먹보다 컸고, 나는 한주먹에 날아갈 것 같았다. 네긴은 곧 핸드폰으로 어딘가 전화했다. 자기 아빠를 불렀다고 했다. '왜 자기 아빠를 부르는 거지?'

잠시 후 정말로 어떤 아저씨가 왔다. 초등학생으로 보이는 여자아이를 데리고 왔다. 네긴의 아빠 알리와 네긴의 동생 아진이었다. 세 명의 한국인과 세 명의 이란인. 세 명의 한국인은 식사를 시작했다. 세 명의 이란인은 먹지 않았다. 알리는 우리가 먹는 모습을 그윽이 바라봤다. 식사가 끝났다. 알리는 우리를 자기 집에 초대하고 싶다고 했다.

이란 가정집에는 처음 가보았다. 외관은 평범한 빌라인데 집안은 드라마에 나올법한 부잣집처럼 생겼다. 넓은 집, 양탄자, 샹들리에, 피아노, 가죽 소파, 양변기가 있는 화장실. 네긴의 엄마 바틀리가 우리를 맞이해주었다. 바틀리는 학교 영어 선생님이었다. 시간은 벌써 저녁 8시, 그날의 금식이 끝났고 바틀리는 저녁밥을 차려주었다. 아까 저녁 먹은 게 아직 소화가 덜됐지만, 꾸역꾸역 먹었다. 가족들은 저녁 식사 이후에도 먹을 걸 계속 가져다주었다. 먹으며 여러 이야기를 나누었다.

알리가 술을 꺼내왔다. 술이 금지된 이란이지만 집마다 밀주가 있다

던데 사실이군요. 흐흐. 술을 나눠 마셨다. 차를 마시고 또 술을 마셨다. 새벽 4시가 되어서야 모두 잠자리에 들었다. 다음날, 알리의 동생이 4살 된 아들을 데리고 집에 놀러 왔다. 한국인을 구경하러 왔다고 한다.

우리는 같이 X-BOX 댄스 게임을 했다. 한국드라마를 봤다. 《시티헌터》라는 나도 잘 모르는 한국 드라마였다. 헤어질 때, 우리는 서로에게 당부했다. 한국에 오게 되면 꼭 연락 달라고, 다시 이란에 오거든 연락하겠다고. 다시 만나자고.

불가에는 시절인연이라는 말이 있다. 어떤 사람과의 만남도, 어떤 사건에 연관되는 일도 모두 때가 있는 법이라고. 그때가 올 수 있을까, 다시 만날 수 있을까. 그건 모르는 일이다. 하지만 혹시 다시 만날 수 없다면, 잠자리와 식사를, 마음을 나눈 그 만남은 무의미한 것일까?

아니, 그렇지 않다. 우리의 만남은 지나고 나면 잊혀지는 아무렇지도 않은 그 무엇이 아니다. 뜨뜻한 한 사발의 국밥이 꽁꽁 언 몸과 마음을 녹이듯, 우린 다른 이를 만나며 오늘을 살아갈 힘을 얻고 어제와 다른 우리가 된다. 우리 몸이 국밥 그 자체와 융합하듯 우리 영혼도 서로의 일부가 된다. 지나온 끼니가 있기에 우리는 다가오는 끼니를 맞이할 수 있다. 행여 우리 다시 만날 수 없다 하더라도, 그리움에 뒤돌아보더라도, 우리 서로의 일부가 되어 있음을.

07.
이집트 스쿠버 다이빙, 보이는 것 너머의 세계

/ 삶의 기쁨

intro

삶, 즉 사랑의 힘, 기쁨의 힘, 감탄의 힘을 모두 포함하는 삶 외에 다른 부는 없다. 고귀하고 행복한 인간을 가장 많이 길러내는 나라가 가장 부유하다. 자신의 삶의 기능들을 최대한 완벽하게 다듬어 자신의 삶에, 나아가 자신의 소유를 통해서 다른 사람들의 삶에도 도움이 되는 영향력을 가장 광범위하게 발휘하는 그런 사람이 가장 부유한 사람이다.

- 존 러스킨

프랑스 리옹에서 출발한 비행기는 이스탄불을 경유해 이집트로 향했다. 4개월 전 유럽 여행을 시작했던 이스탄불. 무슨 우연인지 이스탄불에서 유럽 여행을 마무리한다. 4개월 전에는 영제가 함께였지만 이번에는 영제가 없다. 각자의 길을 가기로, 아프리카에서 다시 만나기로 약속했다. 우리는 런던에서 헤어졌다. 새로운 여행이 시작되고 있었다. 야간 비행기는 아침이 되어서야 카이로에 착륙했다. 피곤했지만 바로 다합으로 가기로 했다. 카이로는 작은 인도 느낌이었다. 시끄럽고 혼잡했다. 홀로 여행하니 모든 감각이 새롭게 하나씩 열리기 시작했다. 정보수집, 상황판단, 결정. 영제가 있었을 땐 나눠서 했을 일을 혼자 해야 했다.

내려야 할 정류장을 놓칠세라 귀를 쫑긋 세우고 주변에 위험한 게 없는지 계속 살폈다. 길을 묻고 물어 정보를 모은다. 다른 이를 믿어야 했고

사람을 만나야 했다. 두려움을 없애고 믿음을 가져야 했다. 다합행 야간 버스를 탔다. 푹 자고 싶었지만 새벽에 중간중간 검문을 받아야 했다. 잠이 덜 깬 채 도착한 다합.

스쿠버 다이빙이 하고 싶었다. 바닷속 세상이 궁금했다. 하지만 사실 나는 물이 무서웠다. 인류가 빛나는 기술 발전을 이루어냈지만 산소 없이 살 수 없다는 건 변하지 않은 사실이니까. 산소는 편리한 것이 아니라 생명의 필수조건이니까. 풍부한 공기와 든든하게 발 디딜 땅을 벗어나는 것. 공기 한 통만 달랑 메고 깊은 바다에 들어가는 것. 무서웠다. 두려움을 사서 하는 일, 스쿠버 다이빙이었다.

수트를 입고 공기통을 멘다. 납 벨트를 차고, 오리발을 신는다. 마스크를 쓴다. 입수. 5m, 10m… 20m… 30m…. 후- 하-. 숨소리와 공기 방울 소리가 들린다. 뽀글뽀글. 숨이 들어오고 나가는 소리. 후- 하-. 깊은숨을 천천히 내쉰다. 공기 소모를 줄이기 위해, 후- 하-, 불필요한 행동을 아낀다. 후- 하-. 호흡과 동작에 집중한다. 스쿠버다이빙은 일종의 명상이랄 수 있었다. 후- 하-.

바닷속 세상은 보는 것, 듣는 것, 숨 쉬는 것, 모든 조건이 지상과 다르다. 가시광선은 빨간색부터 물속 깊이 닿지 못한다. 빨, 주, 노, 초의 따뜻한 색 순서로 물에 흡수되어 간다. 그렇기에 바다는 깊어질수록 파란색과 남색, 보라색의 차가운 세계가 되어간다. 그마저 닿지 못하는 곳부터는 어둠만이 남는다. 깊어질수록 물은 차가워진다. 물속에서는 열 손실률이 높아서 체온을 빠르게 빼앗긴다. 곧 오한이 든다. 36.5도를 유지하려는 몸의 투쟁이 시작된다. 빛은 물로 들어오는 순간 속도가 느려지며 굴절된다. 그래서 물에서는 물체가 실제보다 3분의 1 정도 더 크고 가깝게 보인다. 소리는 4배 더 빠르게 전달된다. 덕분에 어느 방향에서 소리가 들리는 건지 인간의 귀는 분간할 수 없다. 목소리는 자동으로 외계인 말로 변한다. '꼬르륵꼬르륵' 수신호로 대화해야 한다.

수심 24m부터는 질소 마취 현상이 생긴다. 꿈속에서 헤매듯 몽롱한 상태가 된다. 발밑에는 어두움이 있었다. 깊이가 어느 정도인지 가늠이 되지 않았다. 깊고 깊은 심연으로부터 오는 공포. 어둠과 나 사이에 의지할 게 아무것도 없음에서 오는 두려움. 어둠으로 끌어당기는 땅의 힘과 빛을 향해 떠오르려는 공기의 힘. 중력과 부력이 '0'이 되는 곳을 떠간다. 가끔 균형을 잃을 때가 있다. 그럴 때 끝없는 어둠으로 떨어지는 아득함을 느낀다. 때로는 정말 가라앉고 있다. 그때의 섬뜩함. 오금이 저렸다. 양쪽 다 위험하지만 갑자기 떠오르는 건 더 위험하다. 고압의 공기는 저압이 되면 팽창한다. 해저 30m 깊이의 고압에 맞춰진 몸. 시간을 들여 천천히 떠오르지 않으면 혈관에 있던 공기가 배출되기 전에 팽창해버린다. 혈관에서 공기가 팽창하면 피가 흐르지 못한다. 잠수병이다. 긴장을 늦출 수 없다.

그럼에도 바다에 들어가는 건 바닷속 세상에는 텔레비전을 통해 보는 것, 수족관에서 보는 것 너머의 감동이 있기 때문이다. 오색 찬란한 산호, 그 사이를 유유히 헤엄치며 내가 오히려 신기하다는 듯 쳐다보던 물고기, 일제히 방향을 바꾸는 물고기 떼의 반짝임, 붉은색에서 바위 색으로 바뀌는 찰나 오로라 빛을 반짝이던 문어. 오랜 잠수 후 수면으로 나오던 바다거북의 호흡. 하늘을 나는 듯 지느러미를 퍼덕이던 거대한 가오리. 물 만난 고기. 수족관이 아닌, 있어야 할 곳에 있는 생명이 만들어 내는 살아있음. 자연. 자유. 푹신한 소파가 아닌 삶과 죽음의 아슬아슬함 속에서 느껴지던 살아있음. 아름다웠다. 자유 안에서 빛나는 것, 바로 생명이었다.

허락된 공기가 다 떨어져 갔다. 돌아갈 시간이었다. 부력은 사라지고 중력만이 지배하는 세계로 돌아왔다. 해변의 모래를 두 발로 디디고 섰다. 걸어 나오며 점점 더해가는 무게, 살아있음의 무게를 느꼈다. 따뜻한 공기와 눈 부신 햇살 그리고 나.

스쿠버 다이빙은 두려움을 이해해가는 과정이었다. 어찌해볼 수 없는 거대한 자연을 이해해가는 과정, 경이로운 세계를 이해해가는 과정이었다. 두려움은 무지에서 왔고 두려움을 이해하는 곳에 아름다움이 있었다. 두려움은 이해되는 만큼 아름다움을 허락했다. 미지의 세계에서 느끼는 두려움과 기대, 공포와 설렘, 흥분과 감동. 그 경계를 넘어가는 과정 곳곳에 아름다움이 숨 쉬고 있었다.

물속에서 느꼈던 두려움은 햇살에 녹아 사라졌다. 꿈을 꾸는 것 같았던 바닷속. 다시 돌아온 현실. 무미건조한 일상. 하지만 일상에 안주할 수 없다. 미지의 삶을 개척하는 즐거움. 두 발로 땅을 딛고 뿌리를 내리는 기쁨, 살아있음의 기쁨, 오늘을 살고 또 내일을 살 수 있다는 기쁨. 그렇기에 우리는 오늘도 길을 떠난다. 두려움을 향해 어두움을 향해. 여행이란 그런 것이다. 후- 하-.

08.
에티오피아 활화산, 지구의 심장

/ 허영에 반(反)하다

intro

어떻게 표현해야 좋을지 잘 모르겠지만 어젯밤 이후로 제 자신이 좀 달라졌다는 느낌이 들어요. 시야가 좀 트였다고 할까요? 저는 우리가 매우 먼 길을, 어둠 속으로 떠난다는 것을 알고 있어요. 그리고 돌아오지 못할 수 있다는 것도요. 하지만 제가 원하는 것은 요정이나 용이나 산을 찾아가는 것이 아니에요. 제가 무엇을 원하는지는 저 자신도 잘 모르지만 분명한 것은 이 일이 끝나기 전에 제가 해야 할 일이 있고, 그것은 샤이어가 아니라 저 바깥세상에 있다는 거예요. 저는 그 일을 끝까지 해내고 말 거예요.

- J.R.R. 톨킨, 『반지의 제왕』

커피로 유명한 에티오피아. 최초의 인류로 추정되는 루시가 발견됐고, 높은 수준의 문명이 존재했던 나라. 북쪽에는 화산 에트라 에일이 있다. 여전히 용암이 끓고 있는 살아있는 화산이다. 바야흐로 한국을 떠난 지 254일째가 되던 날, 이집트를 거쳐 에티오피아에 도착했다. 이집트에서 활화산 여행 비용을 알아봤다. 활화산이라고 해 봤자 결국 등산인데, 비용이 2,000달러(약 200만 원)란다. 비싸다. 에티오피아에 가서 가격을 알아보기로 했다. 짐을 풀고 활화산 투어를 소개하는 여행사를 찾아다녔다. 아디스아바바에는 일본인 여행자들이 많았다. 대부분 내 또래로 보이는 친구들이었는데 그들도 오랜 여행을 한 듯 나같이 후줄근했다.

함께 여행을 하는 유귀 형은 재일교포다. 할아버지가 어렸을 때 일본으로 갔고 그 이후로 가족이 계속 일본에 살고 있다고 한다. 조선학교에서 중고등학교를 다녔다. 우리는 이집트에서 스쿠버다이빙을 하며 만났다. 마음이 잘 맞아 활화산 여행도 같이 오게 되었다. 유귀 형이 일본인 친구들과 대화가 가능했기에 그들에게서 정보를 많이 얻을 수 있었다. 그리고 운 좋게 에티오피아에서 NGO 활동을 하는 일본인 친구를 알게 됐다. 이 친구를 통해 현지인 친구를 사귀었는데 이 친구가 또 여행사 사장을 소개해주었다. 여행사 사장과 협상에 협상을 거쳐 결정된 최종 가격은 400달러(약 40만 원). 여전히 비싸지만 아디스아바바를 돌아다니며 우리가 알아본 최저가격이 1,000달러(약 100만 원)였다. 거기에 비하면 상당히 괜찮은 가격이다. 활화산 그룹 투어는 3박 4일간 진행되었다. 하루 10

만 원꼴. 무슨 등산이 이렇게 비싼 거야. 이거 바가지 아냐? 투어를 떠나기 전까지 투덜투덜했다.

에어컨 빵빵한 도요타 자동차와 운전기사, 영어가 유창한 가이드, 썩 괜찮은 파스타를 뚝딱뚝딱 만들어내는 요리사, 세계에서 가장 많이 생산됐다는 AK-47 소총을 소지한 보디가드, 또 다른 보디가드 2명, 군인 2명, 경찰 1명이 함께 팀을 이루었다. 왜 비싼 건지 의문이 풀렸다. 안전을 위해서 비용이 올라가는 건 어쩔 수 없다. 장가도 못 가고 죽을 수는 없으니까. 하지만 가격이 올라갈수록 빈곤, 아동범죄, 전쟁같은 에티오피아의 진실과도 멀어졌다. 돈은 현실과 여행자를 분리시켰다.

투어를 하는 3박 4일 동안 매일 7시간씩 차를 탔다. 멀미가 스멀스멀 올라오는 비포장길, 길 없는 길. 한낮 온도 섭씨 37도. 먼지가 허옇게 일어나는 길을 달리고 또 달렸다. 잠을 자고 일어나도 풍경은 바뀌지 않았다. 화산은 여행 둘째 날 도착했다. 산 밑자락의 캠프에서 용암이 있는 정상까지 3시간을 걸어 올라가야 한다. 한낮의 산은 너무 뜨거워서 열기가 가라앉는 밤에 올라가고 해 뜨는 아침에 내려온다. 이른 저녁밥을 먹고 해가 지기를 기다렸다. 문득 벽에 기대있는 AK-47 소총이 눈에 들어왔다. 나름 직업군인 출신이지만 총은 역시 무서운 물건이다. 특히 아무런 안전장치 없이 무심하게 방치되어 있는 총, 탄창이 꽂혀있는 총은 더 무섭다.

다나킬 지역은 소수 부족 간의 분쟁이 있는 지역이다. 2011년의 분쟁

중에는 외국인 관광객까지 죽었다고 한다. 그때부터 다나킬 여행은 경찰, 군인이 꼭 포함되어 팀을 이루어 와야 한단다.

캠프 너머 모래사막으로 해가 졌다. 우리는 산을 오르기 시작했다. 보이는 건 앞사람의 검은 형체와 첩첩이 쌓인 바위와 어둠뿐이었다. 시간이 지날수록 눈이 따끔따끔하고 매캐한 향이 진해졌다. 향이 진해질수록 시간도 무겁고 더디게 흘렀다. 여행을 한다는 건 어쩌면 오래전에 지나가 버린 시간 속으로 들어가는 일일지도 모르겠다. 절대반지를 파괴하기 위해 모르도르 화산을 올랐던 프로도와 샘이 생각났다.

『반지의 제왕』에 나오는 전설에 따르면 절대반지는 현명함과 권력을 가져다 주는 반지다. 하지만 절대반지는 사용하면 사용할수록 그것을 가진 자의 몸을 점점 '소멸'시킨다. 그러다가 결국에는 영원히 사라지게 만든다. 반지에 취한 영혼은 빛 없는 어둠 속에서 헤매게 된다. 의지력이 강하거나 선한 사람이라도 그 시간이 다소 지연될 뿐, '소멸'을 막을 수는 없다. 누구라도 결국에는 악에 사로잡히고 만다. 절대적인 이름을 가졌지만 반지는 결국 거짓인 것이다. 많은 유혹과 위험에도 불구하고 프로도와 샘은 반지를 파괴한다. 반지원정대에서 가장 약했던 그들이 제일 중요한 임무를 완수한다. 내가 만약 프로도였다면 반지를 용암 속에 던져버릴 수 있었을까?

여행은 여행자에게서 유머를 빼앗아간다는 말이 있다. 언어를 잃기

때문이다. 내게 여행은 유머뿐만 아니라 모든 걸 빼앗기는 과정이었다. 지금껏 몸담고 있던 세상, 나를 알아주는 친구들, 나를 정의하고 있던 문화와 관념에서 벗어나자 나 자신이라 생각했던 껍데기들이 한 꺼풀 한 꺼풀 벗겨져 나갔다. 껍데기 속의 나는 그다지 현명하지도, 유쾌하지도, 호방하지도 않았다. 그럼에도 나는 과거를 버리지 못했다. 새로운 관계를 시작하기보다는 내 안에 머물러 있었고 오늘의 나를 만들기보다는 과거의 나에 집착했다.

하지만 어제와 다른 현실이 눈앞에 있다. 틈을 비집고 나약한 마음과 두려운 마음이 파도처럼 무정하게 들이쳤다. 마음이 깎여나가고, 생기를 빼앗겨갔다. 여행이 계속될수록 나는 빛을 잃어갔다. 거짓 지혜와 힘에 취해있던 것이다.

산을 오르기 시작한 지 3시간, 멀리 불이 보였다. 깊은 어둠에서 태어

난, 아득하면서도 강한 불이었다. 출렁이는 붉은 용암, 그 위에서 녹아내리는 암석, 멀리까지 전해지는 열기, 뿜어져 나오는 독특한 향. 피와 감각, 순환과 호흡, 소멸과 생성. 지구에게 심장이 있다면 바로 이런 모습이 아닐까?

미국의 철학자 랄프 왈도 에머슨은 말했다. "세상은 거짓을 꿰뚫어 보는 자의 것이다."

거짓을 구분하는 사람이 세상을 즐길 수 있다. 헛된 거짓을 걷어낼 때 우리는 진실로 자유로워질 수 있다. 여행을 하며 내가 안다고 생각했던, 나 자신이 옳다고 생각했던 모든 것이 무너짐을 느꼈다. 여행은 내게 스스로를 녹이고 불순물을 태울 것을 명령했다. 지구의 심장에 절대반지가 파괴되었듯, 인간의 허영과 거짓도 심장에서 태워질 것이다. 온 생애를 다 바쳐도 아깝지 않을 궁극적인 목표와 목적을 담은 심장. 나날이 새로워지고 아름답게 피어나는 생명을 담은 심장. 이것이 살아있는 심장을 가진 자의 권리이고 책임이다.

활화산에서의 아침이 밝았다. 퍼져가는 햇빛. 밟고 서 있는 땅. 단단히 굳어가는 용암. 새로운 하루가, 새로운 여행이 시작되고 있었다. 그래, 아직 아무것도 시작되지 않았다.

09.
인도 맥그로드 간즈, 날 길들인 개요정

/ 시간이 주어지는 이유

intro

저녁을 바라볼 때는 마치 하루가 거기서 죽어가듯이 바라보라.
아침을 바라볼 때는 마치 만물이 거기서 태어나듯이 바라보라.
그대의 눈에 비치는 것이 순간마다 새롭기를.
현자란 모든 것에 경탄하는 자이다.

- 앙드레 지드, 『지상의 양식』

해발 2,875m의 산, 트리운드. 트리운드의 정상에서는 히말라야 봉우리를 '볼 수' 있다. 그러니까 산 이전의 산이 트리운드라는 말이다. 이 산에는 거짓말 같은 전설이 전해 내려오고 있다. 꼬부랑꼬부랑 산길을 지나가는 여행자를 돕는 요정 이야기다.

트리운드를 오르던 때였다. 나와 영제, 종학, 캐롤린, 이렇게 네 사람이 함께였다. 아침 7시, 한적한 산길. 네 사람은 산을 오르기 시작했다. 마을을 벗어나자마자 세 마리 개가 나타났다. 뭐지. 앞서거니 뒤서거니 우리는 같은 방향을 향해 걸었다. 이 개들은 아침부터 어딜 가는 거지? 한참을 걸은 것 같은데도 이 친구들은 여전히 옆에 있었다. 그래, 개들도 산을 오르고 있던 것이다. 한두 마리가 더 합류하더니 어느 순간 일곱 마리가 되었다. 숫자 '7'이라니 뭔가 의미심장하게 느껴졌다. 순간 트리운드의 요정 전설이 생각났다. 이 개들이 요정이로구나!

과연 개요정들의 활약은 대단했다. 인간 넷이 갈림길에서 갈팡질팡하고 있을 때, 개요정들은 망설임 없이 길을 선택해주었다. 마치 반지원정대를 이끄는 간달프 같았다. 하지만 따라가도 되는 걸까. 낯선 사람은 함부로 쫓아가는 게 아니라지만 낯선 개요정은 어떡해야 하지. 망설여졌다. 개요정은 그런 우리를 돌아보며 (눈으로) 말했다. 컹컹 (빨리 안 오고 뭐하냐)!

한 시간, 두 시간. 개요정들은 여전히 함께였다. 떠날 기미는 없었다. 어쩔 수 없군. 가지고 온 비스킷을 꺼내 나누어 먹었다. 다시 걸었다. 우두두두. 일곱 마리 개요정의 발소리가 산길에 퍼졌다. 개요정들의 발소리는 가슴 깊은 곳을 살짝 두드려주며 마음을 안심시키는 힘이 있었다. 늑대소년 모글리가 생각났다. 개요정들이 (다행히) 늑대는 아니었지만, 모글리가 느꼈을 위풍당당함을 느꼈다. 가진 거라곤 팬티 한 장뿐이던 모글리가 뿜어내던 자신감의 근원. 이것이로구나!

"쟤가 대장 같은데?" 영제가 한 요정을 가리켰다. 일곱 요정 중 가장 덩치가 크고 늠름한 개였다. 듣고 보니 그랬다. 개요정들은 가끔 자기들

끼리 싸웠다. 컹컹, 왈왈. 대장은 요정들 간에 싸움이 나면 상황을 정리했다. 멍멍! 지금껏 들어본 소리 중 가장 우렁찬 개소리였다. 순식간에 개판이 정리됐다. 윤기 나는 검은색 털, 당당한 걸음, 빛나는 눈. 제일 앞서 걷는 저 당당함. '개늠름하다! 가히 대장이로구나.' 이런 권력 구조를 발견하다니. 영제야, 7년 군 생활 허투루 하지 않았구나.

쾌청한 날이었다. 선선한 바람이 불었고 땀은 금방 말랐다. 산길은 여전히 한적했다. 인간 넷과 개요정 일곱 마리만이 정적을 깼다. 놀멍쉬멍 가던 길, 개 대장이 점점 뒤로 처졌다. 우리는 속도를 늦추고 더 자주 쉬었지만 개대장은 나아질 기미가 보이지 않았다. 급속도로 지쳐갔다. 급기야 금방이라도 숨이 넘어갈 듯 헐떡였다. 몸을 만져보니 심장이 터질 듯 뛰고 있었다. 그제야 상황의 심각성을 깨달았다. 내가 개 대장에게 해준 응원과 독려, 어쩌면 그건 오히려 대장을 죽이는 길일 수 있었다.

우리는 회의 끝에 개 대장을 그만 걷게 하기로 했다. 개 대장을 무리에서 쫓아내는 방법밖에 없었다. 하지만 대장은 다시 돌아왔다. 몇 번이고 위협하고 윽박질러도 다시 돌아왔다. 포기시키기를 포기해야 했다. 결국 내가 무리에서 나와 대장의 속도에 맞춰 오르기로 했다. 느렸다. 계속 멈춰야 했다. 조금 걷고, 쉬고. 이런, 우리 아까 물을 안 마셨어! 쉬고. 여기 그늘이 있어! 쉬고, 또 쉬었다. 느리게 걷기도 기술이었다.

어떤 연유로 그런지 모르겠지만, 공군부대에는 벚나무가 많이 있다. 군대에서의 10년, 피고 지는 벚꽃을 가까이서 봤다. 벚꽃은 덧없이 피고 졌다. '당신에게 가장 소중한 것은 무엇입니까?' 난 시간이라 답할 것이다. 시간과 시간이 모여 인생이 되는 거니까. 한순간도 허투루 보내고 싶지 않았다. 시간은 강물과 같이 흘러갔다. 시간을 막을 수만 있다면 댐이라도 세우고 싶었다. 언젠가부터 '시간 없다'라는 말이 입에 붙었다. 언제나 조급했다. '내가 지금 이러고 있어도 되는 걸까.' 고인 물은 썩는다. 나눌 줄 몰라 흐르지 못하던 내 시간도 마찬가지였다. 더 나은 사람이 되고자 했으나 나는 정작 인간과 소통하지 못하는 모글리가 되어 있었다. 아집 덩어리의 이무기가 되어 있었다.

어린 왕자가 물었다. "'길들인다'는 게 뭐야?" 여우가 말했다. "그건 너무 잘 잊히고 있는 거야. 그건 '관계를 맺는다'는 뜻이지."

"관계를 맺는다고?" "그래." 여우가 말했다. "넌 내게 아직 다른 수많은 소년과 다름없는 한 아이에 지나지 않아. 그래서 난 널 필요로 하지 않지. 하지만 네가 만약 나를 길들인다면 나는 너에게 이 세상 오직 하나밖에 없는 존재가 될 거야." 여우는 계속 말했다. "네가 만약 날 길들인다면 내 삶은 환하게 밝아질 거야. 다른 모든 발걸음 소리와 구별되는 발걸음 소리를 나는 알게 되겠지. 다른 발걸음 소리는 나를 땅 밑으로 기어들어가게 만들 테지만 너의 발걸음 소리는 땅 밑에서 나를 밖으로 불러낼 거야!"

"그리고 저길 봐! 저기 밀밭 보이지? 난 빵을 먹지 않아. 그러니 밀은 내겐 아무 소용 없는 거야. 밀밭은 내게 아무것도 생각나게 하지 않아. 그건 서글픈 일이지! 그런데 넌 금빛 머리칼을 가졌어. 네가 나를 길들인다면 정말 근사할 거야! 밀은 금빛이니까 내게 너를 생각나게 할 거거든. 그럼 난 밀밭 사이를 지나가는 바람 소리를 사랑하게 될 거야…."

여우는 입을 다물고 어린 왕자를 오래오래 바라보았다.

개 대장과 정상에 도착했다. 헐떡이는 개 대장을 바라보았다. 삶에 풍요를 더해가는 것. 누군가와 시간을 나눔으로써 우리는 무한의 '것(thing)'에서 유한의 '존재(being)'가 되어간다. 우리는 서로에게 길들여지기 위해, 사랑하기 위해 살아간다. 벚꽃이 말해주려 했던 건 인생은 짧다는 말만이 아니었다. 꽃이 지기 전에 사랑하라고, 지금 사랑하라고. '지금'이라는 기회가 우리에게 주어지는 건 우리 마음속에 있는 사람과 나누기 위해서라는 걸, 마음속에 있는 가치를 위해서라는 걸. 우리에게 주어진 시간은 지금 이 순간과 지나가 버린 시간뿐. 지금 이 순간만이 우리의 영원함을 만든다. 지금 이 순간, 사랑.

10.
그리스, 이건 뭡니까? 맛 파스타를 만드는 비법

/ 이것도 여행입니까?

intro

애니메이션이 없었다면 그림 같은 걸 그리지 않았을 사람이 애니메이션을 하고 있는 시대가 지금입니다. 서브컬쳐는 다시 서브컬처를 낳습니다. 그렇게 이차적인 것을 낳을 때 2분의 1이 되고, 다시 4분의 1, 8분의 1이 되며 점점 엷어집니다. 그것이 지금이라고, 저는 생각합니다. 이 세계를 어떤 식으로든 받아들일 때, 자신의 눈으로 실물을 직시하지 않고 간단히 '뭐 사진으로 됐잖아' 해버리는 거죠. 사진도 색이나 음영을 얼마든지 바꿀 수 있으니, 자기 좋을 대로 만들어냅니다. 그러다 보니 정말 자신의 눈이 어떻게 느끼는지 멈춰서 바라보지 않습니다. 고화질 텔레비전은 인간의 눈에 보이지 않는 것까지 보여줄 수 있습니다. 그렇게 거짓에 거짓을 더해 뭉쳐놓으니 세계가 인간에게 미치는 충격은 점점 엷어져 16분의 1이 되고, 64분의 1이 되고, 끔찍한 결과에 다다른 느낌입니다. 전기가 끊기고 영상이 사라지고 정보가 막히면, 모두 불안하고 병에 걸려 죽어버릴지도 모릅니다. 그래도 세계는 존재하겠지요. 이렇게 까다롭고 복잡한 세계에서 살아가기 위해서는 잔뜩은 아니어도 책이 꼭 필요합니다. 이 세계에 대해 쓴 책이 있으면 좋겠습니다. 단 『자본론』처럼 어렵지는 않고 이해하기 쉬운 책 말이지요.

\- 미야자키 하야오, 『책으로 가는 문』

요리와는 거리가 멀었던 내가 요리를 시작한 건 그리스를 여행할 때였다. 사 먹는 밥이 비쌌기 때문에 우리는 슈퍼에서 간단한 식재료를 사서 먹었다. 삶은 계란과 콘플레이크, 빵과 잼, 나름 웨스턴 식단이었다. 하지만 이마저도 질렸다.

가장 처음 했던 요리는 까르보나라 파스타였다. 이건 사실 요리라기보다는 라면을 끓이는 정도의 작업이었다. 분말수프를 물에 풀고 끓였더니 까르보나라가 완성돼버렸다. 영제가 맛있게 먹었다. 그런 영제를 보니 엄마의 마음이 드는 한편, 어쩌면 나라는 인간의 쓸모는 요리에 있을지도 모르겠다는 생각이 들었다. 다음날 1kg당 1,000원에 파는 감자와 양파를 슈퍼에서 발견했다. 엄청나게 싸다. 좋아, 오늘은 감자볶음이다. 엄마가 대충 이렇게 요리했었더랬지? 서걱서걱 자르고 슥삭슥삭 볶아보았다. 뚝딱! 완성됐다! 방금 막 지구에 불시착한 햇감자 '덩어리'가. 영제는 그마저도 맛있게 먹었다. 우걱우걱 냠냠.

'이걸 맛있게 먹다니. 저게 연기가 아니라면 대단한 놈이다!' 신발을 튀겨줘도 맛나게 먹을 영제를 보며 나는 그만 요리에 재미를 붙여버렸다. 하지만 내 요리는 만드는 족족 처음 목표와는 다른 무언가가 되는 느낌이었다. 프랑스에서 오징어볶음을 대접하려 했는데 라볶이가, 숙주나물볶음을 만들려 했는데 태국볶음국수가 만들어졌다. 굳이 맛을 표현하자면 '이게 뭡니까?' 맛. 차마 이름을 붙일 수 없는 요리들이 나왔다. 요리는 역시 창조라는 단어와 잘 어울린다는 생각이 들었다.

어느 날 공자가 제자 자공에게 물었다. “자공아, 내가 많이 배우고 그것을 다 기억하는 사람이라고 생각하느냐?” 자공이 반문했다. “그렇지 않습니까?” 공자는 말했다. “나는 단지 하나의 이치로 모든 것을 꿰뚫을 뿐이다.”

하나의 이치라니. 그게 뭘까. 세상 모든 것이 정말 하나의 이치로 꿰뚫어질까. 공자의 이 대화를 떠올릴 때마다 생각나는 두 만남이 있다. 인도에서의 어느 형님과의 만남과 몽골에서의 어떤 아저씨와의 만남이다.

북인도의 맥그로드 간즈, 이곳은 티베트 사람들이 중국의 강제 합병을 피해 망명 온 마을이다. 일제강점기에 우리가 상해 임시정부를 세웠던 것처럼 맥그로드 간즈에도 티베트 임시 정부가 있다. 또 티베트인들의 정신적 지주인 달라이 라마가 있다. 마을은 작은 산촌, 길이 하나였다. 이 외길을 오르내리다 보면 이따금 한국 사람도 마주칠 수 있었다. 형님과도 이곳에서 만났다.

형님은 드센 사람이었다. 형님은 그 드센 기운을 말하는 데 다 쓰는 듯했다. 도무지 쉬지 않고 말을 쏟아냈다. 형님 일행은 우리 옆방에 묵었다. 그 방에는 끼니마다 한국 음식이 출몰했다. 김치찌개, 햇반, 참치 통조림, 3분 카레, 소주. 그야말로 한식의 유혹. 형님은 ‘인도 여행’에 대해서 모르는 게 없어 보였다. 어디 이름을 꺼내면, 어떻게 가는지, 어디를 봐야 하는지, 언제 가야 좋은지, 여행 정보가 팝콘 터지듯 와다다닷 터져 나왔다. 인도 여행 2주, 인도를 어서 빨리 벗어나고 싶은 게 나의 첫 번째 소원이었다. 그런 내 앞에서 인도를 수없이 여행했다고 말하고 있는 형님. 형님 등 뒤에서 빛이 비치는 듯했다.

며칠 지내다 보니 형님의 여행에는 정해진 범위가 있다는 걸 알게 됐다. 인도여행은 잘 알지 모르지만 정작 그 여행 속에 인도는 없었다. 함께 다니는 일행은 자기 통제 범위 안에 있는 사람들이었다. 새로운 만남은 없었다. 먹는 음식도 한국에서 싸 온 음식이거나 이미 익숙한 메뉴, 여행경로도 이미 경험한 장소. 자기가 아는 범위 안에서만 오가는 여행이었다. 닫혀있는 여행이었다.

아저씨와는 몽골 게스트하우스에 머물 때 만났다. 밤 9시를 넘어가고 있을 때 두 아저씨가 체크인했다. 한국인 아저씨들이었다. 오랜만에 만난 한국 사람. "안녕하세요." 몽골에서 해외 봉사 활동 중인 아저씨와, 아저씨를 만날 겸 몽골 여행을 온 친구분이었다. 해외 봉사를 한다는 아저씨는 대화의 대부분을 '자기 자신'으로 채웠다. 아저씨는 굳이 '나 게스트하우스에 왔다'는 말을 여러 번 반복했다. 평상시에는 호텔에서 묵는데 호텔이 다 차서 어쩔 수 없이 왔다, 게스트하우스에 오니 여행자 느낌도 느껴보고 좋다, 이런 식이었다. 아, 이거 참 같은 방에 있어 주셔서 감사하네요. 아저씨의 자기 독백을 대화라 할 수 있을까 싶지만 어쨌든 대화를 시작한 지 30분이 지났다. 아저씨는 드디어 우리가 뭐 하는 녀석들인지 궁금해지셨나 보다. 아저씨는 우리가 여행 중이라는 걸 알게 되었다. "어디 어디 가는데?" 우리는 앞으로의 여행 계획을 말했다.

"중국이랑요, (음, 가봤지) 베트남에 가고요, (음, 거기도 가봤어) 태국이요. (아, 거긴 별로야)"

평가를 바라고 말을 한 건 아닌데 친절한 아저씨네. 아저씨는 아무래도 상관없다는 듯 또 자신의 이야기를 시작했다.

노자의 도덕경은 이렇게 시작된다.

진리를 진리라 말하면, 이미 그것은 진리가 아니다. 이름을 부를 수 있으나, 그것은 언제나 그 이름이 아니다.

이 두 만남을 통해 마주한 건 결국 내 모습일 것이다. 나도 내 경험만으로 세상을 살아가는 부류니까. 세상 모든 걸 안다고 자만하는 사람이니까. 앎과 모름 사이에는 문이 존재한다. 이 문에서 돌아서면 우리는 현재에 머물 수 있다. 문을 열고 어둠 속으로 들어가면 그곳은 이내 밝아지고 고통은 진실이 된다. 여행 또한 삶의 문을 여는 과정이 아닐까. 이미 알고 있던 지식을 확인하는 과정이 아니라, 어둠 속에 뛰어들어 어둠을 밝혀가는 과정 말이다. 어둠 너머에서 가져온 진실. 모두가 다를 것이다.

이것도 여행입니까? 누군가 묻는다면 몇천 번이라도 대답해주겠다. 바로 그렇다!

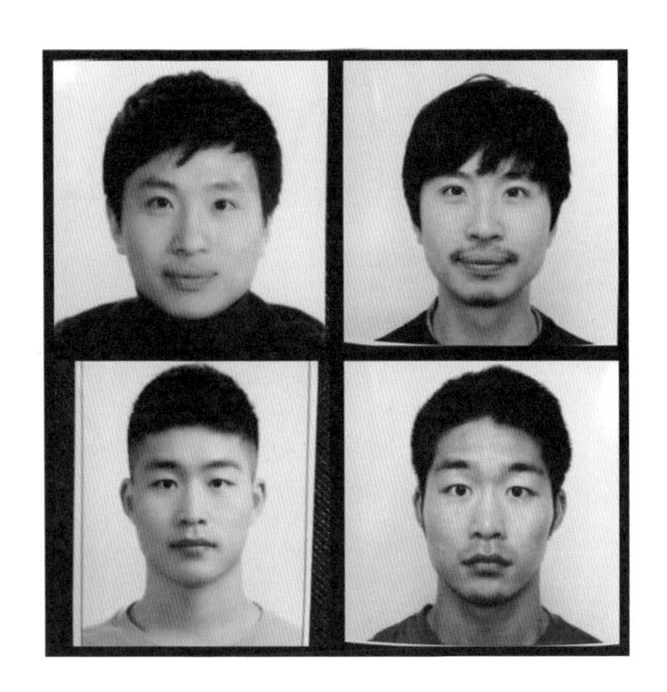

PASSPORT

CHAPTER 2
여행에게 묻다

01. 베트남, 여행의 파도가 밀려오면

/ 여행을 즐기는 우리의 자세

intro

생애를 다 바쳐도 좋을 만큼의 궁극적인 목표와 목적은 환영 따위가 절대 아니다. 차분히 기다리고 말없이 시시각각 관찰하는 끈질김만 잃지 않는다면, 반드시 찾을 수 있고 언젠가 만날 수 있는 현실 자체이다. 전심전력으로 노력할 가치가 있는 목적을 향해 길 아닌 길을 걸어가는 자에게 온갖 장소는 보고일 수 있다. 또한 목표 중의 목표, 목적 중의 목적은 온 정력과 인생을 쏟아부어도 발전과 진보가 멈추지 않을 만큼 심오한 것이어야 한다. 게다가 아무도 발을 내딛지 않은 미지의 세계와 통하는 것이어야 한다.

한 번 그것을 발견하고 그 길에 발을 디딘 자는 거짓 삶과 진정한 삶을 구별할 수 있다. 나아가 수많은 사람이 혈안이 되어 추구하는 행복, 즉 단순히 본능을 만족시키기 위한 공허한 충만감 따위는 상대하지 않게 된다. …(중략)… 목표와 목적을 찾기 위한 재능을 스스로 긴장을 늦추지 않는 각고의 노력으로 갈고닦는다. 더 몰두해 핵심에 가까이 다가갔음을 자각했을 때, 그렇게 집요하게 따라다니며 사람을 꼼짝 못 하게 하던 고독에 증오심을 품지 않게 된다. 더없는 환희의 샘을 얻었다는 사실을 깨닫는다. 고독이야말로 친애하는 친구였다는 것을 알게 된 것이다.

- 마루야마 겐지, 『인생 따위 엿이나 먹어라』

끄악, 후텁지근해! 베트남의 첫인상이었다. 중국에서 베트남 하노이까지 버스로 8시간. 뻐근한 몸, 기지개를 켜며 버스에서 내렸다. 에어컨을 벗어나자마자 하노이의 더운 습기가 덮쳐왔다. 하노이의 습기는 한국의 습기와는 차원이 달랐다. 무게마저 느껴지는 습기였다. 겨울왕국 러시아에서 열대기후 베트남까지. 기후가 변해감에 따라 먹는 것, 입는 것, 자는 곳이 변했고 사람들이 사는 모습도 변해갔다. 여행은 파도와 같았다. 나름의 체계를 만들며 적응해도 변화의 물결은 모든 걸 무너뜨렸다.

동남아에서는 자연의 생명력이 강하게 느껴졌다. 주변 어디에나 울창한 나무가 있고 동물이 있었다. 화장실에서 일을 보고 있는 나를 도마뱀이 멀뚱히 쳐다보고 있었고, 엄지손가락만 한 바퀴벌레가 조깅을 했다.

그래, 벌레가 참 컸다.

영제와 나는 엄지손가락보다 큰 나방을 요정님이라고 불렀다. 푸드덕푸드덕, 요정님이 나는 모습은 실로 아름다웠다. 매일 내셔널 지오그래픽을 눈앞에서 보는 기분이었다. 어느 날 밤, 샤워장에 들어가는데 요정님 한 마리가 따라 들어왔다. '이 누추한 샤워장에는 왜….' 한 사람이 겨우 들어가는 좁은 공간. 가까이서 본 요정님은 생각보다 컸더랬다. 도망갈 곳은 없다. 나는 두려워졌다. '샤워가 하고 싶으신 겁니까.' 샤워기를 틀었다. 행여 요정님 심기를 불편하게 할까 조심조심 빈틈없이 샤워를 시켜드렸다. 샤워가 만족스러우셨는지 요정님께서는 하수구로 퇴장하셨다. (동생은 없지만) 집 나갔던 동생을 부모님 손에 넘겨드린 것처럼 안심이 됐다. 그제야 내 볼일에 집중할 수 있었다. 머리를 감으려는 찰나, 하수구에서 요정님이 다시 나오고 있었다. '끄악! 놓고 가신 게 있나요?' 요정님의 몸짓, 그건 분명 배영이었다.

샤워장 요정님의 저주일까? 그 일이 있은 지 얼마 지나지 않아 벌레들이 자꾸 귓속으로 들어오려 했다. 벌레의 귀 침공. 발작을 일으키는 침공이었다. 책을 읽다가도, 길을 걷다가도, 벌컥 놀라 귀를 팠다. 시도 때도 없는 침공은 계속됐다. 내 귓속에 신세계라도 있는 걸까. 침공이 점점 잦아졌다. 인내심에 한계가 왔다. '이 벌레 자식, 잡히기만 해봐라.'

며칠이 지나서 벌레의 정체가 밝혀졌다. 다름 아닌 길어진 내 머리카락이었다. 머리카락이 귓속으로 들어왔던 것이다. 허허, 이거 며칠 동안 바보연기를 했구먼. 그나마 아무도 못 봐서 다행이었다.

급작스럽게 달라진 환경. 덕분에 또 일이 생겼다. 영제와 나는 베트남에서 병에 걸렸다. 죽을 수도 있는 병이었다. 무엇을 먹어도 소화하지 못하는 병, 설사병이었다. 샐러드 맛이 조금, 아니 많이 이상했다. 원래 시큼한 건가. 식초와 상한 음식을 구분해낼 만큼 우리는 똑똑하지 못했다. 산 지 겨우 몇 시간 지났을 뿐인데 설마 상했을까. 그때 버렸어야 했다. 하지만 몽골에서 오랫동안 채소를 먹지 못한 탓에 버릴 수 없었다. 이까짓 거 모두 소화해주마. 우적우적.

그 후 똬리를 틀라는 변 사또님의 물벼락이 하루에도 수십 번 쏟아졌다. 꾸르륵꾸르륵. 먹어도 나왔고, 앉아도 나왔다. 누워도 나왔고 자고 나도 나왔다. 그냥 다 나왔다. 소화를 시키지 못하니 먹어도 기운이 나지 않았다. 잠을 자도 자도 끝없이 졸렸다. 기운이 없으니 소화력이 또 약해지는 악순환. 설사병은 어떻게 인간을 죽음에 이르게 하는가? 아주 잘 알 수 있었다. 꼬박 사흘을 누워 있었다.

앓아누운 지 첫째 날, 군대 가는 꿈을 꿨다. 고등학교를 졸업하자마자 바로 군인이 된 나는 소집 영장 같은 건 받아본 적이 없다. 꿈속에서 내 손에는 영장이 쥐어져 있었다. 그게 영장인지 사실 모르겠지만, 나는 군대 가는 걸로 되어 있었다. 주변 친구들과 작별 인사를 했다. 비장한 분위기였다. 교회도 갔고, 친구들도 만났다. 어느 순간 문득 기억이 났다. "어라, 저 중사 전역했는데요?" 아무도 신경 쓰지 않았다. 잠에서 깼다. 군대 가는 꿈이라…. 남자라면 모두 꾼다는 꿈이다. 이건 악몽일까, 향수일까. 다시 잠들었다.

둘째 날, 대장균 놈에게 이대로 당하고 있을 수 없다고 생각했다. 지피지기면 백전백승. '설사'에 관해 공부했다. 컴퓨터를 켜고 '설사'를 적고 엔터를 치는 동안에만 화장실을 세 번 다녀왔다. 설사는 왜 하나요? 어떤 음식이 좋은가요? 음, 그렇구나. 설사는 은근히 흥미로운 녀석이었다. 알면 사랑하게 된다더니, 설사가 왠지 친근하게 느껴졌다. '설사할 때 어떤 음식을 피해야 하나요?' '식이섬유가 많은 음료는 마시지 마세요.' 어제 영제가 사 온 알로에 주스를 바라봤다. "아플 땐 한국 음식을 먹어야 해."

라며 사온 알로에, 식이섬유가 많은 알로에, 거의 다 마셔서 얼마 남지 않은 알로에. 변 사또의 물벼락이 또 내려왔다.

회복이 되고 있는 건지, 정신 분열이 오고 있는 건지 모르겠다. 날짜 구분도 힘들었다. 셋째 날, 얄팍한 깨달음을 얻었다. 앓아누우면서 운이 나빴다고 생각했다. 그게 아니었다. 오히려 건강했던 시절이 운이 좋았던 것이었다. 손을 잘 씻지 않는다든지, 식초와 부패를 구분하지 못하는 부주의라던지, 식중독의 수많은 조건은 언제나 내 곁에 있었다. '건강은 건강할 때 지켜야 하는구나!' 식상한 깨달음이었다.

내게 여행은 본인의 머리칼은 물론, 몸뚱이조차 어찌할 수 없는 과정

이었다. 외부환경에 따라 모든 게 송두리째 바뀌었다. 이 변화 속에서 내 의지로 할 수 있는 건 별로 많지 않았다. 여행은 자유이면서 부(不)자유였다.

철학자 니체는 차라투스트라의 입을 통해 이렇게 말했다.

"우리의 정신은 운명에 순응하는 긍정의 낙타, 운명을 거부하는 부정의 사자를 거쳐 최종적으로는 어린아이가 되어야 한다. 어린아이는 천진난만이요, 망각이요, 새로운 시작이다. 놀이이고, 스스로의 힘으로 굴러가는 수레바퀴고, 최초의 운동이자, 신성한 긍정이다. 어린아이는 자기 욕망에 충실하다. 아이의 무기는 웃음이다. 아이는 천진난만하게 웃을뿐이다. 운명과 시스템에 대한 투쟁도 아이에게는 놀이가 된다. 아이는 자신의 욕망에 따라 굴러가는 바퀴인 것이다. 우리에게는 신성한 긍정이 필요하다. 우리의 정신은 아이에 이르러서야 자기 자신의 의지를 의욕하고 자신의 세계를 되찾는다."

여행은 파도타기와 같았다. 파도를 탈 때 중요한 건 파도를 얼마나 잘 타느냐가 아니다. 파도타기 그 자체를 얼마나 즐기느냐다. 파도 앞에 웃음 짓는 것. 의지를 의욕하고 신성한 긍정을 발휘하는 것. 삶을 즐기는 어린아이가 되어가는 과정. 여행은 내게 그걸 말해주려 한 게 아닐까.

02.
몽골,
유목민들과
일주일(1)

/ 여행의 Must have 아이템은?

intro

현대 우리 사회에서 대부분의 사람들은 정형화된 이미지 속에서 살아가고 있다. 이런 이미지는 자신이 추구하는 이상적인 모습과는 거리가 멀다. 사회가 만들고 강요한 이미지이기 때문이다. 학생에게는 단정한 교복이, 회사원에게는 깔끔한 정장이 강요된다. …(중략)… 따라서 정체성은 사회적 관습에 억눌려 있게 되었다. 그래서 셀카는 이런 억압의 탈출구가 되었다. 꾸며진 나의 모습, 화려한 연출, 멋진 배경은 성격은 물론 개성과 정체성을 보여주는 효과적인 방법이 된 것이다. 문제는 역설적으로 이런 개성과 정체성이 점점 사라지고 있다는 것이다. …(중략)… 현실에서 이룰 수 없지만 연예인과 비슷한 느낌의 사진을 찍고 그것을 공유함으로써 마치 그들과 같은 영역을 공유하고 있다는 사회적 소속감을 얻는 것이다. 자신이 생각하는 좀 더 이상적인 모습을 만들고, 또 함께 하고픈 사람들과 가까워질수록 점점 자신은 사라져가고 있는 것이다.

- 강준만, 『우리가 몰랐던 세계 문화』

몽골, 이곳은 시간이 아닌 바람이 흐르고 모래가 물결치는 곳. 유목 생활 사흘째, 영제와 나는 게르 안에서 밥을 먹고 있었다. 달그락달그락 숟가락과 그릇이 부딪치는 소리, 타닥타닥 마른 소똥 타는 소리만이 들리는 고요한 점심시간이었다.

'아, 정말 맛없다.' 군대 짬밥 10년, 웬만한 음식은 먹을 수 있는 고도의 섭취 능력을 길렀다. 그러나, 몽골 음식은 웬만한 음식의 차원을 너머 있었다. 사흘 동안 아무 반찬 없이 비린 양고기 칼국수를 8끼니 콤보로 먹었더니 신경성 식욕 부진증이 올 것 같았다. 이걸 앞으로 12끼 더 먹어야 한다니…. 눈앞이 캄캄했다. 깨작거리며 음식을 먹었다.

그때 아르크자 할머니가 게르에 들어오셨다. 할머니는 집안 서열 1위의 어른이다. 상자를 하나 건네주셨다. 상자 안에는 나를 보며 방긋 웃고 있는 한국 컵라면 6개가 있었다. 할머니는 밥을 시원찮게 먹는 우리를 위해 차로 30분은 나가야 있는 촌락에서 컵라면을 직접 사 오신 것이다. 아, 감동의 쓰나미. 평생 충성을 바쳐 양털이라도 깎고 싶은 심정이었다.

5일 전, 몽골의 수도 울란바토르. 우리는 게스트하우스에 묵고 있었다. 게스트하우스는 몽골 여행사도 겸업하는 곳이었다. 주인아주머니(이름이 '우끼'였다)는 낙타 투어, 승마 트래킹, 칭기즈칸 투어 등 다양한 체험 관광을 소개해주었다. 마음에 드는 게 없었다. 하, 관광은 아닌 거 같아. "조금만 더 생각해볼게요. 우끼." 말이 타고 싶다면서 말을 타러 가지 않는 우리. 우끼는 우리가 웃겼을 것이다.

그러다 같은 숙소에 묵고 있던 다른 친구가 유목민 집에서 3주 살다 왔다는 이야기를 들었다. 고등학교를 갓 졸업한 허연 미국 친구였다. "대화는 어떻게 했어?" "그냥 말을 안 했어." 약골 곰팡이처럼 생긴 녀석이 말도 안 통하는 곳에서 3주를 지내다니. 멋져 보였다. 그래, 바로 이거다.

유목민 출신인 우끼는 말했다. "그건 돈 주고 일하는 거야. 사서 고생하지 말고 사막에서 낙타를 타." 청개구리 심보가 발동한 우리는 우끼를 믿지 않았다. 투어를 보내서 돈을 벌려는 속셈일 거야. 우끼는 아줌마네. "괜찮아요. 유목을 하고 싶어요. 유목민 가족을 소개해줘요." 몽골은 국민 30%가 유목을 한다. 우리는 어렵지 않게 소개받을 수 있었다. 지금 다시 생각해보면 우끼의 충고, '사서 고생하지 마.'는 유목 유경험자의 '진심어린' 충고였다.

출발하던 날 새벽, 눈이 왔다. 버스는 유목민 가족이 사는 곳을 향해 눈이 하얗게 쌓인 고속도로를 달렸다. 나무 한 그루 없는 평원. 하늘도 하얗고 땅도 하얗다. 하늘과 땅의 경계가 사라진 평원을 달렸다. 곧 도로도 사라졌다. 포장되지 않은 평원을 달렸다. 길을 달린다기보다는 길을 개척하는 모양새였다. 보이는 것이라곤 없는 평원. 모래와 바람, 눈과 하늘. 인간의 지식도, 욕심도 없는 새하얀 세계를 향해 다가가고 있었다.

유목민의 집, 게르에 도착했다. 게르는 일종의 천막이다. 적당한 위치에 나무 울타리를 설치하고 그 위와 내부에 융단을 덮고 가운데에 화로를 설치, 간단한 살림살이를 채워 넣으면 집이 완성됐다. 우리를 받아준 가족은 이제 불혹의 나이가 되었을 듯한 바이에르 뭉크와 이르크자 부부였

다. 갓난아기, 이르크자의 엄마, 이르크자의 할머니, 그리고 또 한 명의 할머니(어떤 관계인지 끝내 알아내지 못했다), 바이에르 뭉크의 동생인 맘, 이렇게 6명이 함께 지내는 가족이었다. 유목민들은 보통 5명 정도가 한 가족 단위를 이룬다. 그리고 친척끼리 5㎞ 정도씩 떨어져 지내며 일이 생기면 함께 모이는 느슨한 공동체를 이루는 듯했다.

보건소, 은행, 잡화점 등이 모여있는 촌락이 차로 30분 떨어진 곳에 있었는데, 아이들은 평일에 촌락에서 지내며 학교에 다녔다. 바이에르 뭉크 부부에게는 다섯 명의 아이가 있었다. 갓난아기를 뺀 4남매는 촌락에서 유학하고 있었다. 역시 말은 통하지 않았다. 우리는 몽골어를 몰랐고, 그들은 영어를 몰랐다. 몸짓으로 대화했다. 여의치 않으면 그림을 그렸는데 그조차 쉽지 않았다. 문화가 다르니 같은 것도 다르게 그렸다.

양은 카카오 초콜릿같이 생긴 똥을 쌌다. 뒤에서 보면 까맣고 동글동글한 카카오 초콜릿을 후드득후드득 바닥에 싸면서 걸었다. 그 모습을 보노라면 어릴 적 먹었던 뽑기 과자가 생각났다. 맛은 당연히 다를 것이므로 확인하지 않았다. 풀이 있는 곳으로 양 떼를 이동시키고 다시 데려오는 게 일과의 대부분이었다.

4월은 겨우내 임신했던 양들이 새끼를 낳는 철이었다. 자고 나면 새끼 양 수가 늘어있었다. 새끼 낳는 어미 양을 보는 건 생명의 신비며 경이로움이었다. 새끼 양은 태어나자마자 걸었다. 하지만 어디서나 잠들었다. 풀을 먹이러 나가거나 돌아올 때 주의 깊게 봐야 할 게 새끼 양이었다. 모래밭에선 잘 보이지 않으니 꼼꼼히 살펴봐야 했기 때문이다. 일차적으로 새끼 양을 챙겨야 하는 어미 양은 틈만 나면 풀을 뜯으려 했다. 풀을 뜯다 새끼 챙기는 걸 깜빡한다. 새끼 양들은 어디선가 자고 있다. 이 새끼들(욕이 아니다)이 무리에 끼어있으면 양치기는 배로 힘들었다.

양을 치는 법 자체는 간단하다. 양 떼를 이동시킬 때는 양 떼의 뒤를 맴돌며 원하는 방향으로 몬다. 양들은 갈 지(之) 자를 그리며 이리저리 움직인다. 끝. 하지만 문제는 이동속도다. 2~3㎞를 움직이려면 두 시간이 걸렸다.

풀이 있는 곳에 도착할 즈음, 저 멀리서 바이에르 뭉크가 오토바이를 타고 나타났다. 그건 마치 액션 영화의 한 장면 같았다. 40대의 바이에르 뭉크가 브래드 피트처럼 멋있었다는 건 아니다. 주인공이 갖은 죽을 고비

를 넘기고 모든 사건을 깨끗하게 처리하면 그제야 뒷북치며 나타나는 경찰 같았다는 말이다. 항상 제시간에 맞춰 도착했다. 일이 끝나길 멀리서 지켜보고 있던 건 아니겠지? 먼 곳에서부터 바이에르 뭉크의 2행정 오토바이 소리가 들렸다. 이곳에 오기 전 말을 타볼 거라는 생각에 신이 났었다. 기마 민족과 함께 말을 타고 초원을 달리는 모습을 그려보았다. 몽골 평원에는 오토바이 시대가 열려있었다. 할아버지도, 젊은이도 모두 오토바이를 탔다.

바이에르 뭉크는 내 앞에서 동물 가죽으로 장식된 오토바이에서 내렸다. 담배에 불을 붙이고 연기를 뿜었다. 초원의 풀을 둘러보고, 한 포기 풀을 뽑아 점검했다. 망원경을 꺼내 주변을 둘러봤다. 양 떼가 적당한 위치에 왔다고 판단되면 때가 됐다는 듯 낮잠을 잤다. 바람이 굉장히 옴팡진 몽골. 바람을 피해 엎드려서 잤다. 풀을 뜯고 있는 양 떼. 그 속에 엎드려 있는 사람. 이 모습을 보고 있노라면, 그가 죽은 건 아닌지, 죽는 건 아닌지, 양들이 멀리 떠나가 버리는 건 아닌지 걱정이 됐다. 막상 양들은 도망가지도 않았고 나도 엎드려 자보니 정말 편안했다.

놀라울 것 없는 일이지만 게르에는 상수도, 하수도가 없다. 우물물을 길어 썼다. 수도꼭지가 없는 생활은 생각보다 힘들다. 하지만 다행히 게르에는 개인전용 수도꼭지가 있다. 이 수도꼭지를 쓰는 법은 이렇다. 물 한 모금을 입안에 머금는다. 이때 많이 머금을수록 좋다. 두 손을 모은다.

손을 향해 물을 뱉는다. 세수를 한다. 설치비용은 따로 없고, 약간의 숙련으로 물의 양도 조절할 수 있다. 친환경적이다. 먹고 말하는 데 말고도 입을 쓸 곳이 있다니 신통방통. 하지만 (굳이) 이 수도꼭지로 머리를 감으려면 굉장히 오랜 시간이 걸리고, 다른 사람 수도꼭지로 세수하려면 극기의 정신력이 필요했다. 역시 세상에 완벽한 건 없다.

유목 체험 일주일. 양 치는 일, 씻는 일 모두 정말 정말 힘들었다. 똥조차 마렵지 않았다. 집에 가고 싶었다. 하지만 밥 먹는 일 앞에서 다른 일들은 모두 굼벵이 재롱잔치였다. 게르에 있는 식재료라고는 밀가루와 양고기뿐인데, 매끼 새로운 요리가 나왔다. 오늘은 뭐가 나올까. 오늘은 양고기 수제비가, 다음날은 양고기 칼국수가 나왔다. 사실 메뉴는 중요하지 않았다. 맛은 항상 같았으니까. 어느 날, 떡 하니 양 머리가 나왔다. 솥에 담겨있는 양님이 우리를 쳐다보고 있었다. 양 머리는 몽골에서 귀한 요리라고 한다. 저희가 뭘 잘못했기에 귀하게 여겨주시는 겁니까.

친절한 바이에르 뭉크가 머리에서 가장 맛있는 부분을 잘라주었다. 양의 턱살이었다. 굳이 내 입에 넣어주었다. '왜 나부터야.' 영제를 흘겨보았다. 영제 자식은 뭉크의 눈을 피하고 있었다. 그래, 이럴 땐 세 번 씹고 삼켜버리는 게 정신 건강에 좋다. 빨리 삼켜야지. 계획과 달리 고기는 씹어도 씹어도 탄력을 잃지 않았다. 고무고무 고기는 참으로 질겼다. 그리고 비렸다. 후추를 구하기 위해 대서양을 건넜던 유럽인들의 마음을 이해할 것 같았다. 유목 식사에서 무엇보다 힘들었던 건 채소가 전혀 없다는 사실이었다. 유목민들은 광합성을 하는가? 왜 야채를 안 먹지? 그들의 음식은 오직 밀가루와 고기로 만들어졌다. 개운한 맛이 필요했다. 어느 날은 양 옆에서 풀을 뽑아 먹었다.

매일 추위와 싸우며 5시간을 걸었다. 양들과 씨름하고, 고무고무 고기를 씹었다. 하지만 누군가 내게 가장 기억에 남는 나라가 어디냐고 묻는다면 몽골이라고 말한다. 문명과 가장 멀었던 곳, 시간이 아닌 바람이 흐르는 곳. 하얀 세계를 지나 만날 수 있었던 대지. 친환경 수도꼭지로 세수하고, 양 옆에서 풀을 뜯어 먹었던 시간들.

살아가면서 우리는 많은 눈과 마주친다. 수많은 눈 중 우리 마음을 끄는 눈이 있다. 첫 외출을 나온 어린아이의 눈, 첫 수업을 받는 학생의 눈. 여행을 하며 나도 그런 눈을 가졌던 순간이 있었다면 몽골에서의 일주일이다. 그런 눈으로 세상을 바라본다면 전과 다른 세상을 볼 수 있다는 것을, 모래 범벅 스킨을 발라도 행복하다는 것을. 몽골에서의 일주일은 그런 삶의 비밀을 깨달은 시간이었다. 여행을 다녀온 지금, 그날을 떠올리면 저절로 웃음이 난다.

03. 몽골, 유목민들과 일주일(2)

/ 자네, 야생이 되어 볼 텐가

intro

한마디로 나도 내가 누구인지 모르겠다는 느낌, 혹은 나 자신을 믿지 못할 것 같다는 느낌이 바로 당황이라는 감정의 정체다. 그러니까 당황의 감정은 라캉의 표현을 빌리자면 "이런 사람일 거야."라고 생각했던 나와 실제로 살아서 욕망하는 나 사이의 간극을 확인할 때 발생한다. 어쩌면 당황의 감정에 빠진 사람은 행운아라고 할 수 있다. 당황의 감정을 통해 우리는 진정한 자신, 혹은 자기의 맨 얼굴을 찾을 수 있을 테니 말이다. 그러니까 가면의 욕망과 맨 얼굴의 욕망이 우리 내면에서 격렬하게 충돌한다면, 당황의 감정에 사로잡힌 것이다. 그러니 당황에 빠질 때 걱정할 건 없다. 무조건 맨 얼굴의 욕망, 즉 내가 이런 사람이었나 하고 경이롭게 생각하는 욕망이 이길 수밖에 없기 때문이다.

- 강신주, 『강신주의 감정수업』

몽골에서 유목민들과 일주일을 지낼 때의 이야기다.

얼씨구나! 유목민 집에 가기 전, 양을 칠 거라는 생각에 신이 났었다. 기세를 몰아 게스트하우스에서 떡볶이 파티를 열었다. 분위기가 좋아져 한창 유행이던 '강남스타일' 춤도 췄다. 그래, 이건 실수였다. (술 먹고 춤추지 맙시다) 하지만 인간지사 한 치 앞도 모른다고 했던가. 우리 앞날에는 먹구름이 꾸물꾸물 몰려오고 있었다. 유목민 집으로 가는 길부터 난항이었다. 머물기로 한 유목민 가족이 있는 지역은 몽골 중부도시 '만달고비'였다. 만달고비는 수도인 울란바토르로부터 300㎞ 정도 떨어진 곳이었다. 시외버스로 6시간이 걸렸고, 만달고비에서 가족이 있는 곳까지 또 차를 타고 2시간을 더 들어가야 했다.

"우끼, 시외버스터미널엔 어떻게 가죠?" "택시 타고 가면 돼." 서울의 중심을 한강이 지나가듯 울란바토르에는 중심을 가로지르는 큰 도로가 있다. 이름은 피스 애비뉴. 도시는 이 '평화의 길'을 중심으로 설계되어 있었다. 이 길만 따라가면 도시의 웬만한 곳은 다 갈 수 있다고 했다. 버스터미널은 이 평화의 길 동쪽 끝에 있었다. 버스는 없냐고 물어보았다. 택시를 타고 가면 만 원이었고, 버스를 타고 가면 300원이었다. 우리는 시내버스를 타고 가기로 했다. 일직선상에 있는 장소를, 이렇게 쉬운 길을 택시를 타고 간다니! 돈이 없어서가 아니라 이건 인간 지능에 대한 모독이다. (우린 좀생이들이 아니다) 우끼는 몽골어로 '시외버스터미널'을 쪽지에 적어주었다. 정류장에서 쪽지를 보여주며 어떤 버스를 타면 되는지 물어보라고 했다. 처음 가보는 길이기도 하고 버스표도 미리 살 겸 우리는 하루 전날 터미널에 갔다.

예상대로 터미널 가는 길은 굉장히 단순했다. 야호.

출발하던 날 아침, 버스 터미널을 향해 숙소를 나섰다. 아침 7시의 울란바토르는 러시아워였다. 매일 아침 몽골의 모든 차는 평화를 찾아 평화의 길로 오는가. 도무지 풀릴 기미가 보이지 않았다. 우리가 탄 중심 도로를 완행하는 버스도 타는 사람은 있으나 내리는 사람은 없었다. 사람들이 버스를 꽉꽉 채웠다. 버스가 하나의 생명체가 된 듯했다. 하나의 세포처럼 좁은 버스에서 숨을 나눴다. '만달고비'행 버스는 하루 한 대밖에 없었

다. 버스 시간에 늦을까 조마조마했다. 설상가상. 타고 가던 버스가 앞차를 들이받았다. 다른 버스로 갈아타야 한단다. 애가 탄다. 다행히 시외버스터미널에 제시간에 도착했다. 휴, 다행이야. 시외버스를 탔다. 6시간 달려 터미널에 내렸다. 그런데 응? 버스를 잘못 탔다고?

만달고비에 도착하니 버스 기사 아저씨가 버스비를 달라고 했다. 우리는 고이 간직하고 있던 버스표를 내밀었다. 아저씨는 버스표를 받지 않았다. 돈을 달라고 했다. 왜? 기사 아저씨는 우리가 돈을 왜 또 내야 하는지 또박또박 친절하게 설명해주었다. '아, 그랬군요!' 역시 우리는 같은 기마민족이라 그런지 아저씨의 몽골 말을 잘 알아들었을 리 없었다. 도무지 무슨 뜻인지 알 수 없는 몽골어. 호구가 되고 싶지 않은 우리와 친절하지만 몽골어밖에 할 줄 모르는 기마민족 아저씨. 주변에 있던 몽골 아저씨들도 모여들었고 사람마다 상황을 설명해주었다. 몽골어로. 기사 아저씨는 너무 답답했던지 쪽지에 글을 써서 보여주었다. 몽골어로 또박또박. '벙어리가 아니라 몽골어를 못하는 거라고!' 맞다! 우끼는 몽골인이다. 우끼에게 전화를 했다. 우끼의 통역. 그제야 상황의 전말을 알게 되었다. 우리가 타야 했던 시외버스는 우리가 터미널에 도착하기 전에 이미 떠났다. 마침 그 도시를 지나가는 다른 버스가 있었고 우리를 태워준 것이다. 우리에게 바가지를 씌우려는 게 아니라 우리가 버스를 놓친 거구나. 아, 좋은 분들이셨군요. 바이를싸(고마워요)!

소파에 누워 TV로 보는 양치기와 현실의 양치기는 달랐다. 양을 치는 일은 절대 낭만적인 일이 아니었다. 바람을 막기 위해 입은 무거운 옷과 발이 푹푹 빠지는 모래밭. '늑대가 나타났다!' 장난을 치고 싶어도 가까운 마을까지는 뛰어서 3시간이었다. 바람만 옴팡지게 부는 허허벌판. '겨우 일주일만 머문다고?' 하고 생각했는데, 게르에서의 첫날밤, 이제 겨우 하루가 지났을 뿐이라니! 훈련소에 입소하던 날이 떠올랐다. 집이 그리웠다. 도시로 돌아가기까지 남은 밤을 헤아리다 잠이 들었다.

양은 매일매일 풀을 먹어야 했다. 매일 쉬지 않고 먹으면 하루쯤 쉬어 줄 법도 한데, 양들은 어제도 먹고 오늘도 먹었다. 풀을 먹이기 위해서는 2~3㎞ 이동해야 했다. 양을 치는 방법은 단순했다. 양들은 '막대기를

든' 사람이 다가오면 그를 피해서 움직였다. 한 마리가 움직이면 모두 움직였다. 즉, 양 떼를 이동시키고 싶다면 뒤에 선 녀석을 앞으로 나아가게 하기만 하면 된다. 한 가지 기억해야 할 점이 있다. 양들은 앞서가는 리더를 좇는 게 아니라는 점이다. 양들은 수동적으로 움직였다. 뒤에 있는 양은 앞서가는 양을 좇아갔고, 앞서가는 양은 뒤에서 움직이니까 앞으로 갔다. 밀고 밀리는 요상한 알고리즘이었다. 방향 따위는 양들에게 중요하지 않았다. 한 마리의 움직임이 최종적으로 전체 양 무리에 전달되어 사방팔방, 우왕좌왕, 난리법석이었다. 특히 200마리 양을 뿔뿔이 흩어놓고, '내가 뭘 한 거지?'를 묻는 얼치기 양치기라면 양 떼로도 개판을 만들 수 있다는 것을 곧 깨닫게 된다.

며칠 관찰해본 결과, 양은 순종적인 동물이라기보다는 맹목적인 동물이었다. 이리 몰면 이리 가고, 저리 몰면 저리 가고, 옆에 친구가 가면 따라가는, 가라는 대로 가는, 먹는 것 외에 딱히 욕망이 없었다. 요런 의지박약한 녀석들이 어떻게 만 년을 넘게 살아남았을까.

언젠가 동물원에서 백수의 왕, 사자를 본 적이 있다. 때마다 꼬박꼬박 주는 먹이를 먹는 사자를 보면서 저 사자는 과연 자기가 사자라는 사실을 알까 궁금했다. 본연의 결대로 살아갈 때 우리는 스스로가 누구인지 깨닫지 않을까. 타고난 결이 거세되었다는 점에서 동물원의 사자나 사슴은 다

를 바 없는 존재다.

여행을 떠나기 전 7년, 군 생활을 했다. 군인 고등학교 생활까지 더한다면 10년간 나라에서 녹을 받았다. 매달 10일이면 꼬박꼬박 월급이 들어왔다. 군대를 떠난다는 건 규칙적인 월급을 포기하는 일이었다. 울타리를 나오는 일이었다. 사실 나는 동물원 동물과 다를 바 없는 인간이었다. 나는 누구지? 제대로 된 의미에서 나는 내가 누구인지 잘 몰랐다. 스스로를 증명해본 적이 없었다. 평생 관념과 상상, 자기 세계에 빠져 살아왔을 뿐이었다. 다른 이가 원하는 대로 살아왔을 뿐이었다. 나는 누구인가. '살아있음'이 이 답에서 시작된다면 나는 아직 살아본 적이 없는 자, 미생(未生)이었다.

미국의 자연주의 사상가 헨리 데이비드 소로. 그의 일기장에는 이렇게 적혀있다고 한다. “내가 나 자신이 아니라면 누가 나란 말인가!”

울타리를 벗어나 여행을 시작한 지 한 달. 수염이 덥수룩해졌다. 지난 10년, 나는 언제나 나를 단정하게 다듬어야 했다. 머리를 깎아야 했고, 수염을 깎아야 했다. 규정에 따라 생활해야 했다. 누군가가 만들어 놓은 규칙에 따라야 했다. 수염은 아이에서 어른이 된다는 걸 의미한다지. 비록 수염일 뿐이지만 이제 내 마음껏 기르고 있었다. 이제야 비로소 스스로의 앞길을 정해 나아가고 있었다. 이제야 비로소 울타리를 벗어나 내 자신 앞에 섰다. 물론 상상과 달리 야생에서 살아남지 못 할 수도 있다.

얼치기 양치기에게 멘탈 붕괴를 선물하던 양들처럼 울타리 없이는 살지 못하는 인간일 수도 있다. 하지만 백과사전은 이렇게 말한다. ‘야생 양은 활기차며 용기가 있고 독립적’이다. 그래, 결과는 두고 볼 일이다. 나라는 사람도 용기 있고 독립적인, 진짜 멋진 사람일지 모르니.

04.
인도,
고아원에서의
일주일(1)

/ 유서를 꼭 써야 했니

intro

황금이라고 해서 모두 반짝이는 것은 아니며,
방랑자라고 해서 모두 길을 잃은 것은 아니다.
속이 강한 사람은 늙어도 쇠하지 않으며,
깊은 뿌리는 서리의 해를 입지 않는다.
잿더미 속에서 불씨가 살아날 것이며,
어둠 속에서 빛이 새어 나올 것이다.

- J.R.R. 톨킨, 『반지의 제왕』

철학의 나라로 불리는 인도. 그 명성에 걸맞게 소유와 존재에 대해 생각해 볼 기회가 간간이 주어졌다.

세계 최대 빈민가가 있는 인도의 콜카타. 운이 좋게도 일주일간 고아원에 머물며 봉사할 기회가 생겼다. 한국인 선교사님이 운영하고 있는 아쉬람 고아원이었다. 콜카타에서 전철을 타고, 기차를 타고, 달구지를 타고 들어가면 아쉬람을 만날 수 있었다. 오전에는 고아원 건물 보수 작업을 도왔고, 오후에는 학교에 다녀온 아이들과 놀았다. 단순한 일과만큼 식사도 소박했다. 인도 빵 난을 먹고, 커리를 먹고, 망고를 먹었다. 일하며 중간중간에는 짜이를 마셨다. 단순한 하루였지만 정신을 차리고 보면 어느새 하루해가 뉘엿뉘엿 저물어갔다.

나는 자기 전에 꼭 샤워를 하는, 알고 보면 깔끔한 남자다. 샤워는 내게 하루를 마무리하는 의식과도 같았다. 촛불을 켜고 경건히 성서를 읽는 건 아니지만 분위기는 중요하다. 이 습성은 장소를 가리지 않고 유효했다. 하지만 아쉬람 고아원의 샤워장은 '씻는 곳'이라는 기본 기능은 수행했으나 보통의 샤워'장'과는 다른 '장'이 눈앞에 펼쳐져 있었다.

3개의 회색 콘크리트 벽과 1개의 수도꼭지가 샤워장을 의미했다. 문은 없었다. 샤워장의 흐릿한 조명은 이렇게 말하는 듯했다. '반경 1m 너머로는 내 소관이 아닐세.' 관료적인 조명이었다. 덕분에 1m 너머로는 아무것도 보이지 않았고 뒤에 누가 서 있는 건 아닌가 싶은 으스스한 분위기를 연출했다. 수도꼭지는 허리 높이에 있었다. 무릎을 꿇고 샤워를 해야 했는데, 무릎을 꿇으니 경건한 기분이 들었다.

그날도 평소와 다름없이 샤워를 마치고 몸의 물기를 닦고 있을 때였더랬다. 오늘 하루도 지나가는구나, 고생했다 따위의 감상에 젖어 있다가 문득 위를 쳐다봤다. 거미 두 마리가 신나게 댄스파티를 열고 있었다. 영역 다툼인지 짝짓기를 위한 매력발산인지는 모르겠지만, 엄지손가락만 한 거미들이 점프를 뛰고 있었다. 그 곁에 거미줄이 출렁출렁. 정적 속에 펼쳐지는 무반주 바운스. 곤충에 대해 잘 모르지만 다행히 한국에서도 흔히 보던 친구들이었다. '독은 없는 녀석들이구나. 남자답게 무시하자.' 하지만 내 남성성은 겸손하달까, 게으르달까. 남성성이라는 게 상대적인 건 아니지만, 주변에 여성이 없다면 내 남성성은 굳이 흔적을 보이지 않는다. 시금치 없는 뽀빠이랄까. 나는 잠시 거미들을 바라보며 서 있었다. '그래, 냉정하자. 나는야 마초남. 이 거미들한테는 내가 오히려 공포의 대상(이겠지?)이다. 최소한 독은 없(길…)다.' 자기최면을 걸었다. 옷을 입으려는 순간. 갑자기 또 한 마리의 거미가 나타났다. 댄스파티는 순식간에 댄스배틀이 되었다. 고요했던 바운스 현장. <절규>의 뭉크도 이런 심정으로 그림을 그렸을까. 무너져가는 자아의 끝자락을 붙잡으며 나는 생각했다.

'왜 내 옷은 이 거미들 옆에 걸려있는가. 옷이란 무엇인가. 사람은 옷을 꼭 입어야 하는가.'

심각한 물음. 인도는 역시 철학의 나라였다.

아쉬람은 통신상태가 썩 좋지 못했다. 아쉬람에 있는 일주일간 한국과 연락이 끊어졌다. 때마침 한국에선 부모님이 내가 쓴 유서를 보았다. 나는 만약의 경우를 대비해 유서를 써놓았었다.

여행 시작 전, 여러 가지 준비물을 샀다. 노트북, 카메라, 신발 등. 물건을 사면서 어차피 잃어버릴 물건이라는 생각이 들었다. 여행 중 분명히 강도를 당할 테니까. 강도를 만날 때까지 내가 잠시 맡아서 쓸 뿐이다. 내 짐은 내 물건이 아니다. 때가 되면 강도님께 순순히 짐을 드려야지. 물건들이 하나둘 쌓이기 시작했다. 그러다 이런 생각에 이르렀다. 짐만 뺏어가는 강도는 양반이구나. 죽을 수도 있겠구나. 죽음이 진지하게 다가왔다. 울컥하는 마음에 유서를 썼다. '부모님, 두 분이 이 편지를 읽으실 때쯤이면 저는 이미…'로 시작되는 편지였다. 비장한 마음으로 공책을 펼쳐 끄

적거렸다. 눈물이 찔끔 났다. 연애는 많이 못해봤지만 꽤 운이 좋았던 인생이었다. 하지만 유서는 미완성에 그쳤다. '유서를 깔끔하게 편지지에 옮겨 집에 있는 짐 속에 넣는다. 행여 내게 무슨 일이 생기면 짐을 정리하던 부모님이 그 유서를 발견한다.' 이게 원래 계획이었다. 그런데 그만 그 북받쳤던 마음이 너무나 급격히 시들해져 버렸다. 쓰다만 유서의 존재조차 까먹어버렸다.

유서가 되다 만 편지는 공책에 그대로 있었다. 그 공책은 나와 함께 여행을 다니다가 태국쯤에서 다른 짐과 함께 한국으로 부쳐졌다. 그리고 존재조차 까먹고 있었는데 마치 고대 유적이 발견되듯 부모님의 손에 의해 발굴된 것이다. 그러니까 내가 죽기 전에는, 특히 연락 두절 상태에서는 발견돼서는 안 되는 유서였다. 편지를 읽고 부모님이 놀라신 건 당연한 일이었다.

살아오면서 많은 편지를 썼다. 그중에서 생각만 해도 손발이 다 오그라드는 편지가 몇 개 있다. 짝사랑했던 여자애에게 썼던 편지, 훈련소에서 내 자신에게 썼던 편지. 그리고 그 유서. 하, 당장이라도 찾아내 불태우고 싶다. 그래, 그것도 내 모습이다. 여행을 나오기 전에는 정말 죽을 수도 있다고 생각했으니까. 길 위에서 죽는다면 그때까지가 내 명인 거로 생각했으니까.

처음 여행기를 쓰자고 결심한 이유는 여행의 결과물을 남기고 싶었기 때문이다. 지금은 그렇지 않다. 마음에서 새로이 돋아나는 무언가를 발견하고, 때론 놓치기도 하며, 불완전을 조금씩 짚어가던 그 날의 과정들을 남기고 싶다. 나라는 사람이 이 세상에 있는 건 이 우주 어딘가에 나라는 조각으로 채워질 시간과 공간이 있기 때문이니까. 여행이란 '무엇'이라고 정해져 있지 않다. 그저 각자의 울타리를 벗어나 보는 과정일 뿐이다. 그러므로 세상에 똑같은 여행 따위는 존재하지 않는다.

오스트리아 출신의 사상가 앙드레 고르는 말년에 이런 말을 했다. "모든 것을 다 말한 뒤에도 여전히 모든 것은 아직 말해져야 하는 상태로 남아있다. 언제나 모든 것은 아직 말해져야 하는 상태로 남을 것이다."

내가 지나온 모든 시간과 공간을 말할 수 있을까? 아마 그럴 수는 없을 것이다. 우리는 이미 지나간 시간보다 앞으로 다가올 시간에 마음이 끌리는 존재이므로. 그러니 이해해주길. 우리에게는 오늘이라는 시간이, 다시 시작해야 할 과정들이 있기에. 모든 것은 여전히 말해져야 하는 상태에 남아있을 것이므로.

05.
인도,
고아원에서의
일주일(2)

/ 나는 언제쯤 성숙해질까?

intro

사랑하는 것은
사랑을 받느니보다 행복하나니라.
오늘도 나는 너에게 편지를 쓰나니
그리운 이여,
그러면 안녕!
설령 이것이 이 세상 마지막 인사가 될지라도
사랑하였으므로 나는 진정 행복하였네라.

- 유치환, 「행복」

인도 아쉬람 고아원에서 지낼 때의 일이다.

고아원의 숙원 사업이었던 모래 운동장이 만들어진 날의 일이다. 고아원에는 넓은 공터가 있었다. 그곳이 운동장 구실을 해왔지만, 흙바닥이라 물이 잘 빠지지 않았다. 콜카타는 비가 자주 오기 때문에 운동장은 진흙탕이 되기 일쑤였다. 선교사님이 이 사업을 오랫동안 구상해왔던 이유다.

'이게 강가에서만 구할 수 있는 모래인데, 건축용으로는 못 쓰일 정도로 입자가 너무 고운 거야. 그래서 물이 잘 빠지지. 내가 이걸 구하려고…'로 시작되는 일련의 설교를 매일 들었다. 이 모래가 일반 모래랑 뭐가 다른 건지 난 도통 모르겠는데, 마침내 운동장에 깔린 것이다.

운동장 개간 기념으로 고아원의 모든 아이들이 운동장으로 모였다.

멀리뛰기, 땅따먹기 등의 게임을 시작으로 간이 운동회가 열렸다. 마지막에는 축구를 하게 되었다. 축구! 어린 시절이 아련하게 떠오른다. 그 시절 동네에서 똥볼 좀 찼던 내가 아니던가. 볼만 있어서 외로웠던 내가 아니던가. 한편 현란한 축구 실력으로 아이들 속에서 영웅이 된 내 모습도 그려졌다. 빛나는 내 실력을 보여주마….

하지만 난 곧 이성을 되찾았다. '그래, 나는 어른이 아니던가. 꼬맹이들 사이에 나(=어른)라는 불균형을 만들 수 없지.' 심판을 보기로 했다. 내가 생각해도 어른스러운 결정이었다.

아이들은 생각보다 훨씬 잘했다. 냅다 차고 냅다 뛰는 동네 뺑축구 클래스가 아니었다. 주고받는 패스가 있는 팀플레이 축구를 구사했다. 어느새 한쪽 팀이 18 대 8이라는 농구 경기에서나 볼 법한 점수 차로 이기고 있었다. 지는 팀 아이들에게 안쓰러운 마음이 들었다. 그런데 이 녀석들, 자세히 보니 내가 섞어준 팀이 아니라 자기들 마음대로 팀을 바꿔서 경기를 하고 있었다. 점수 차이가 컸던 건 이것 때문이었다. 이 괘씸한 녀석들. 불의를 바로 잡아주어야겠군. 지고 있는 팀 선수로 들어갔다.

"얘들아, 이건 불의와의 전쟁이다. 가자!"

20분 후, 점수는 21 대 8. 나(=어른?)는 애초 이 경기에서 불균형의 요인이 전혀 될 수 없다는 사실을 깨달았다. 분하다. 지고 있어 화가 나기도 했지만, 이런 와중에 그만 쉬고 싶다고 생각하는 늙은 나 자신에게도 분

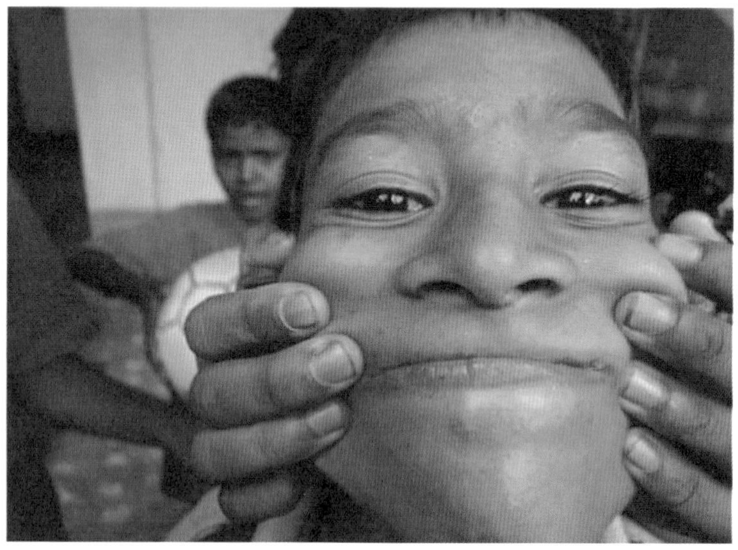

노했다. 골키퍼 있다고 골이 안 들어가는 게 아니라고 한다. 우리 팀 골키퍼는 확실히 골을 막을 줄 몰랐다. 내가 골키퍼가 되어야겠다. 선수들의 체력 안배를 위한 결정이었다. 골을 막기 위해 열심히 몸을 날렸다. 상대편 꼬맹이 중에 유독 깐족깐족 까불거리는 꼬맹이가 있었다. 메롱 메롱. 굳이 내 앞에서 깔깔거리며 춤을 추었다. 어느새 비가 오고 있었다.

떡볶이 국물이 곁들여 나오는 튀김이 생각나는 날이었다. 땅에 떨어진 튀김처럼 모래 범벅이 되어갔다. 또 한 번 몸을 날렸다. 골킥을 준비했다. 그 꼬맹이가 또 나타났다. 메롱 메롱. 전설이나 신화를 읽으면 영웅들은 보통 분노를 통해 성장했다. 피 끓는 분노. 진심으로 꼬맹이 얼굴에 궁서체 총알 슛을 날려주고 싶었다. 경기는 끝났고 그날 밤 방에 누워 생각했다. 나는 언제 어른이 되는 걸까.

고아원에 오기 전, 영제는 걱정을 했다. 자기가 아이들과 잘 지낼 수 있을지, 실수로 애들을 울리는 게 아닌지, 고아원에 누만 끼치는 게 아닌지. 내가 아는 영제는 아이들과 잘 어울리는 성향이 아니었다. 하지만 그 걱정이 무색할 만큼 영제는 아이들과 정말 잘 놀았다. 말

도 안 통하면서 서로를 척척 이해했다. 고아원에서 지내며 많은 일이 있었다. 아이들은 우리에게 많은 선물을 주었다. 손을 잡고, 안고, 미소 짓고, 웃고, 바라보고, 함께 춤추고…. 어느새 일주일이 지났고 고아원을 떠나기로 한 날이 되었다. 아이들은 일주일만 더 지내면 안 되냐고 물었다. 우리는 떠나야 했다. 헤어지던 날 아침, 아이들은 울었다. 영제가 결국 아이들을 울렸다.

소설가 알랭 드 보통은 『왜 나는 너를 사랑하는가』에서 사랑에 대해 이렇게 말한다. "사랑한다는 건 깊은 관심을 갖는다는 거야. 그 관심으로 그 사람이 무슨 말을 하고 있는지, 무슨 일을 하고 있는지 더 풍성하게 느끼게 해주는 거야." 아이들은 관심을 받고 싶어 했다. 바라봐주고 안아주길 원했다. 수십 명의 마음을 채워주기에 두 손과 두 눈은 부족했다. 작음을 느꼈다. 사람은 언제 성숙해지는 걸까. 어른이란 무엇일까. 사랑을 실

천할 때 우리 존재는 성숙을 더 해간다. '나'만 알던 아이가 '타인'을 만나고, '우리'를 만들듯, 나를 낮추고 '우리'의 울타리를 넓혀갈 때 사람은 더 큰 어른이 되는 게 아닐까. 세상은 그렇게 변하는 게 아닐까.

위대한 사랑을 실천한 마더 테레사의 시 한 편을 붙인다.

한번에 한 사람씩

난 결코 대중을 구원하려고 하지 않는다.
다만 한 개인을 바라볼 뿐이다.
나는 한번에 단지 한 사람만을 사랑할 수 있다.
한번에 단지 한 사람만을 껴안을 수 있다.
단지 한 사람, 한 사람, 한 사람씩만…
따라서 당신도 시작하고
나도 시작하는 것이다.
난 한 사람을 붙잡는다.
만일 내가 그 사람을 붙잡지 않는다면
난 4만 2천 명을 붙잡지 못했을 것이다.
모든 노력은 단지 바다에 붓는 한 방울, 물과 같다.
하지만 내가 그 한 방울의 물을 붓지 않았다면
바다는 그 한 방울만큼 줄어들 것이다.
단지 시작하는 것이다.
한번에 한 사람씩

06.
그리스, 1,149km 자전거 여행(1)

/ 바람이 분다

intro

정말이지 로마에 와보지 않고서는 여기서 무엇을 배우게 되는가를 전혀 알 수 없다. 말하자면 사람들은 여기에 와서 다시 태어나는 것임에 틀림없다. 지금까지 가지고 있던 개념들을 돌이켜 보면 마치 어릴 적에 신던 신발 같다는 생각이 든다. 아주 평범한 사람도 이곳에 오면 상당한 인물이 되며 그것이 그의 본질로 바뀔 수 없다 하더라도 최소한 하나의 독특한 개념을 얻게 되는 것이다.

- 괴테, 『이탈리아 여행기』

우리의 자전거 여행은 자전거를 실제로 탄 날 16일에, 중간중간 쉰 날 4일을 더해 총 20일 동안이었다. 아침에 일어나 밥을 먹고, 길을 달리고, 점심을 먹고, 달린다. 저녁을 먹고, 잠을 자고, 일어난다. 먹고, 달리고, 잔다…. 끝없이 반복되는 과정. 이론상으로는 실로 단순한 과정. 하지만 '달린다' 안에는 평상시와는 차원이 다른 시간의 농밀함이 담겨 있었다. 자전거 페달을 밟을 때면 시간은 한없이 길어졌고 지구의 시간도 천천히 흘러갔다.

'시간을 견디는 것' 그래, 이것이 자전거 여행의 요체였다. 여행을 떠나기 전, 화분에 담겨있던 시간들. 가슴속 한가득한 마음은 터질 것 같은데 쏟아낼 곳을 찾지 못하던 순간, 그리고 시간들. 답할 수 없는 질문들로 가득했던 날들. 아무것도 아닌 인간이 되는 건 아닐까 두려웠던 날들. 그런 시간이 있었다. 흐르는 세월을 견딜 만큼 강한 몸과 마음을 나는 갖지 못했다. 자전거를 타는 시간, 이 농밀한 시간을 나는 견딜 수 있을까.

자전거를 탄 지 11일째 되던 날, 주행 거리가 660㎞를 넘어섰다. 목적지인 아테네까지 대략 500㎞가 남았다. 여정의 반을 지나고 있었다. 시작이 반이라는 말을 구체적인 숫자로 느낀 건 처음이었다. 그제야 자전거 여행이 시작됐다는 느낌이 들었다. '와, 아테네까지 진짜 갈 수 있겠는걸?' 완주할지도 모르겠다는 생각도 그제야 들었다. 이스탄불에서 아테

네까지의 거리, 1,149㎞. 자전거를 사고 나서야 알게 된 1,149㎞라는 우리의 앞날. 과연 해낼 수 있을까? 호기심 반, 의심 반. 자신은 없었다. 자전거를 사고 이틀 후, 못을 박아버리듯 여행을 시작했다.

아테네까지 완주하리라는 결심 같은 건 처음부터 하지 않았다. 우선 조금만 지루해져도 '내가 왜 이걸?'이라는 이름의 못난이 싹이 쑥쑥 돋아나는 나 자신을 믿을 수 없었다. 자전거 녀석에게도 불신의 책임은 있었다. 문제없는 날보다 문제 있는 날이 더 많은 자전거였다. 내일은 나아지겠지. 그런 내일은 오지 않았다. 타이어 펑크는 일상이었다. '나는 이제 틀렸네. 나를 버리고 가시게.' 페달 볼트, 핸들 볼트 같은 주요 부품이 숭숭 빠져버렸다. 이럴 수가, 내 의지보다 약한 녀석이 이 우주에 존재한다니. 하지만 사실 10만 원짜리 자전거는 묵묵하게 제 몫을 수행하고 있었을 뿐이다.

그러던 자전거 여행이 어느새 중반을 넘어서고 있었다. 저녁에 침대에 누워 눈을 잠깐 감았다 뜨면 아침이었고, 도로 위였고, 점심을 먹고 있었다. 아침, 도로, 펑크, 침대 사이클을 반복하다 보니 660㎞를 달린 것이다. '어느새'라는 단어. 그건 실로 위대한 단어였다. 그제야 나는 '왜 자전거를 타고 있는 거지?'라는 의문이 생겼다. 그래, 우리는 왜 자전거를 타고 있는 거지?

"자전거 타고 가도 재밌겠다." 장난스레 주고받은 말. 다음 날 바로 자전거를 샀다. 그리고 우리는 자전거를 타고 있었다.

2005년 여름, 고등학교 3학년 여름방학. 자전거를 타고 제주도를 돌았다. 인터넷에서 만난 두 대학생 형들과 함께. 그 당시 나는 내가 뭘 모르는지도 모르는, 스스로 다 컸다고 생각하는 보통의 고등학생이었다. 두 대학생 형들은 입대를 한 달 앞둔, 마치 세상의 종말을 기다리고 있는 듯한 사람들이었다. 세상의 종말을 앞둔 두 사람과 봄날 망아지 한 마리, 각기 배경은 달랐으나 우리는 열심히 제주도를 자전거로 돌았다. 한여름 뜨거운 햇볕이 작열하는 제주도를, 생명이 넘치는 제주도를.

돈은 그때나 지금이나 나와 인연이 없었다. 한솥 도시락으로 연명하고, 중간중간 주유소에 들러 물을 얻어 마시는 궁색하고 비루한 여행이었다. 어느 날 밤, 고기가 너무 먹고 싶었다. 고깃집 갈 돈은 없어 슈퍼에서 삼겹살을 사서 구워 먹었다. 기름구멍이 없어 고기 기름이 마구 튀던 프라이팬. 티격태격 분란이 멈추지 않는 여행이었다.

제주도를 한 바퀴를 다 돌고 나서야 한낮의 열기를 피해 달려야 한다는 걸, 서늘한 아침, 오후 시간에만 자전거를 타야 한다는 걸 알게 된, 미련한 여행이었다. 멜라닌 생성을 막는답시고 바른 선크림. 선크림은 땀에 녹아 눈으로 들어갔다. 눈물의 주행. 보기에도 안쓰러운 여행이었다. 그랬던 8년 전 제주도 여행에서도 '어느새'라는 마법은 일어났다. 섬을 한 바퀴 다 돈 것이다. 첫날 출발했던 제주항 앞에 섰다. 대학생 형들은 가슴 벅차하며 기념사진을 찍는가 싶더니, 본연의 세상 종말 회색빛 모드로 돌아갔다. 나도 완주했던 날의 기억이 딱히 없는 걸로 보아 큰 감동이 없었나 보다. 굳이 기억에 남는 교훈을 꼽자면, '자동차는 인류의 위대한 발명품'이랄까. 렌터카 회사 아저씨가 말해 줄 법한 교훈이었다. 이따위 교훈은 자전거를 3박 4일이나 타지 않아도 아는 거잖아! 별수 없다. 이미 경험해 버렸는걸. 그리스에서 자전거를 타며 문득, 제주도에서의 그 여름날이 생각났다.

20대의 나는 어느 것, 어느 곳에도 마음을 오래 두지 못했다. 바람이 불었다. 가슴속 바람은 나를 이곳에서 저곳으로, 저곳에서 또 다른 곳으로 떠밀었다. 월급, 대학, 취미, 자동차, 아파트. 어느 곳에도, 어느 것에도 내려앉지 못했다. 현재와 미래 사이 어딘가를 떠돌았다. 전역을 결심했다.

하지만 두려웠다. 이 바람이 그저 젊은 날의 혈기라면 어쩌지, 젊음과 함께 홀연히 사라져 버리는 바람이면 어쩌지. 그대로 아무것도 아닌 곳에 주저앉게 되면 어쩌지. 두려웠다.

뭐였을까 그 바람은. 모든 걸 버리고 지구 반대편까지 오게 한 이 바람은 무엇이었을까. 어느 곳에도 뿌리를 내리지 못하게 했던, 이 바람은 도대체 뭘까. 영제와 이스탄불에서 자전거 여행을 이야기했을 때 불었던 바람은 무엇이었을까.

8년이 지난 후의 자전거 여행은 렌터카 아저씨의 교훈에서 한걸음 정도는 나아졌을까. 잘 모르겠지만 어쭙잖게 깨달은 사실은 있다. 언덕을 오를 때는 그 순간에 집중해야 한다. 뒷바퀴에서부터 시선이 향하는 전방 2m. 그곳만이 우리의 세계, 우리의 우주. 페달을 통해 전해지는 땅의

굳건함. 굳건함을 내디딜 때 팽팽해지는 근육. 관념이 아닌 몸이 살아나는 세계. 그 세계에 들어가는 순간 나란 사람은 잊혔다. 나와 너를 나누는 울타리가 사라졌고, 편견, 허영, 자만심, 나 자신을 얽매는 껍데기 따위도, 걱정도 불안도 사라졌다. 그곳에 나는 존재하면서 존재하지 않았다. 언덕을 지나면 그 끝에서 내리막길이 열렸다. 내리막길을 갈랐다. 바람이 불었다.

막스 뮐러는 말했다. "인간 존재의 밑바탕을 이루는 것은 사랑이다. 천체가 서로 끌어당기고 상대를 향하며 만유인력의 법칙에 따라 서로 모여들 듯, 세상의 영혼들도 서로 끌어당기고 상대를 향하며 사랑의 법칙에 따라 서로 융화한다."

우리는 왜 살아가는 걸까, 왜 누군가를 사랑하는 걸까? 그건 우리 안에서 바람이 불어오기 때문이다. 영혼의 끌림을 향해 나아갈 때, 상대를 바라보고 서로 융화할 때, 우리 가슴에서 설렘이란 이름의 바람이 불기 때문이다. 그 바람이 우리를 삶으로, 사랑으로 이끈다. 나는 왜 자전거가 타고 싶었을까. 내 마음속에 부는 바람을 온몸으로 느끼고 싶었던 건 아닐까. 바람이 분다.

그대 오늘도 굳건히 언덕을 오르길
담대히 내리막을 가르길.
존재하는 삶, 바람이 이끄는 삶, 우리 그 삶을 향해
함께 나아가길.

07.
이란,
Be my ATM
(나의 현금인출기가 되어주오)

/ 얼마면 되는데

intro

공장 굴뚝의 연기와 공장의 소음으로 끔찍한 곳이 되어버린 땅, 거리에는 돌진하는 엔진들이 자신이 무엇을 좇고 있는지도 잘 모르는 사람들로 가득한 차를 끌고 이리저리 달리고 있고, 아무런 생각이 없는 사람들은 모르는 사람들 한가운데 생선상자 속 정어리들처럼 빼곡히 들어차서 불쾌감을 드러내며 할 수만 있으면 서로를 밀어내려고 하는 그런 곳에서 영혼들이 거주할 것이라고 생각하는 것은 불가능하다. 내가 이런 것들을 말하는 것은, 그것이 물질적 진보의 상징으로 간주되기 때문이다. 그러나 그것은 우리의 행복을 눈곱만큼도 더해주지 않는다. 판디트 네루는 산업화를 원한다. 그는 그것이 사회화되면 자본주의의 사악함에서 자유로우리라 생각하기 때문이다. 나 자신의 견해로는 사악함은 산업주의에 내재하는 것이어서 산업을 아무리 사회화해도 그 사악함을 제거할 수는 없다. 나태하고 무력하게 "서구로부터 몰아닥치는 영향을 피할 수가 없다"고 말해서는 안 된다. 인도는 자신을 위해서, 그리고 세계를 위해서 그것에 맞설 만큼 강해져야만 한다.

- 마하트마 간디, 『마을이 세계를 구한다』

"예약 안 하셨는데 들어오시면 어떡해요."
스위스 인터라켄, 민박집을 찾아 비를 맞으며 걸어갔던 길, 비를 맞으며 다시 돌아섰다. 예약이 꽉 찼다는 한인 민박집을 나오며 쫓겨나는 기분을 지울 수 없었다. 민박집 주인이 한 말이 계속 머릿속을 맴돌았다. 예약 안 하면 사람도 아닌가. 핀잔을 줄 건 뭔가. 옆에 있던 아버지에게도 괜한 말을 듣게 한 것 같아 더 무안했다.

여행을 시작한 지 5개월, 처음으로 한인 민박집에 갔다. 긴 추석 연휴에 휴가를 더한 아버지가 배낭을 메고 유럽에 왔다. 외국인만 있는 외국 게스트하우스는 아버지에게 맞지 않는 듯했다. 외국인들과 대화가 되지 않으니 심심해하시는 눈치였다. 한인 민박을 찾기로 했다. 역시 한국은 IT 강국답게 민박도 원클릭으로 초간편하게 예약을 할… 수가 없었다. 외국의 민박 사이트는 원클릭으로 예약을 했다. 한인 민박집에 묵으려면 민박집을 하나하나 따로 검색한다. 정보를 비교, 예약할 수 있는지 이메일로 문의. 답변이 오면 예약금을 계좌이체. 이체 확인 후에야 민박집 위치가 공개. 왜 이렇게 과정이 복잡한 걸까 의아했다. 왜 민박집 위치를 홈페이지에 공개하지 않는 걸까. 나중에 알고 보니 한인 민박집 대부분이 등록된 업체가 아니었다. 어쨌든 원클릭에 익숙했던 내게 한인 민박집 예약 과정은 너무나 번거로웠다. 나는 모든 과정을 무시하고 민박집에 찾아갔다. 벨을 눌렀고 주인이 나왔다. 빈방이 없다고 했다. 그리고 주인은 말했다. "예약 안 하셨는데 집에 들어오시면 어떡해요." "아, 죄송합니다." 혹시 다른 한인 민박집은 어디 있는지 물었다. 민박집 주인은 “어머, 그런 건 당연히 관광안내소 가서 물어보셔야지요.” 황당하다는 표정을 지으며 관광안내소가 어디 있는지 알려주었다.

‘외국에서 한국인을 벗겨 먹는 이는 한국인이다.’ 이 말을 나는 믿지 않는다. 전체 중 일부 사람들의 이야기일 테니까. 하지만 ‘일부’의 경험이 연속되면 전체와 일부의 경계는 모호해진다. ‘일부’의 경험은 계속되었다.

이란 수도 테헤란에서 야간 버스를 타고 도착한 이란 제2의 도시 이스파한. 야간 버스를 타면 이동과 숙박을 함께 해결할 수 있기에 좋았다. 하지만 이번 야간버스는 새벽 4시에 도착했다. 새벽 4시, 서울이라면 첫차를 탈 수 있는 시간이지만 이스파한에서는 첫차가 8시에 있었다. 다행히 터미널의 불은 환하게 켜져 있었다. 체면이라는 게 원래 없는 관계로 터미널 의자에 누워 잠을 잤다. 자다 깨기를 반복하다 보니 첫차 시간이 됐다. 눈곱을 떼고 다시 배낭을 들었다. 터미널 밖으로 나가니 택시를 타라는 택시기사 아저씨들이 한가득. “버스, 버스?”라고 물어보면 택시 아저씨들은 못 알아듣는 척 이렇게 말했다. “택시?” 어쨌든 버스정류장에 도착했다. 정류장에 서 있던 사람들에게 버스를 다시 한 번 확인했다. 오케이, 제대로 찾아왔군.

정류장의 여러 이란인 틈에 동양인 여행자가 있었다. 일본인이었다.

이름은 미카. 우리는 같이 버스를 탔다. 우리 외에 또 한 명의 이란인이 탔다. 알리였다. 알리는 이스파한에 대해 자랑을 했다. 뭐가 유명하다, 어디를 가봐야 한다 등등. 미카가 가이드북 호텔리스트를 보여주며 어느 호텔이 싸고 좋은지 물어보았다. "이 호텔이 저렴해. 내가 할인받을 수 있도록 도와줄게."

우리는 알리가 안내해준 호텔에 체크인했다. '하, 푹신한 침대다.' 알리와 작별 인사를 하려 했는데 알리가 급제안을 했다. "같이 여행하지 않을래? 좋은 산책길을 소개해줄게."

이슬람교의 신전인 모스크, 이란의 웬만한 도시에는 모스크가 있다.

그중 가장 큰 모스크가 이스파한에 있다. 알리는 모스크 근처 골목길을 알려주었다. 골목마다 있는 공예품 가게, 차와 함께 먹는 캔디를 만드는 공장, 빵집, 카펫 가게. 카펫 가게에서는 차를 얻어 마셨다.

이란은 사막지대라 건조했다. 물을 자주 마셔줘야 했다. 금방 피곤해졌다. 계속 걷는 것도 우리를 피로하게 했다. 천천히 구경하고 싶은데 알리가 발길을 재촉했다.

친절했던 알리의 행동이 점점 사무적으로 변해갔다. 특히 미카에 대한 비꼼이 계속되었다. 사진을 찍느라 뒤처지는 미카에게 일본인은 사진만 찍는다는 둥, 여자들은 저렇다는 둥의 말들을 스스럼없이 했다. 처음에는 장난인 줄 알았는데 의도적인 게 분명해졌다. 점심시간. 내부(?)회의를 통해 알리와 헤어지고 우리끼리 여행하자는 결론이 내려졌다. 밥을 먹고 나오는 길, 알리에게 말했다.

"오후에는 숙소에 들어가서 쉬려고 해. 이만 헤어지자. 정말 고마웠어." 알리는 잠시 생각하는 듯했다.

"나를 실망시켰다." 계속 말을 이었다.

"내가 너희에게 좋은 일을 해 주었으니. 너희도 내게 무언가를 해 줘야해."

"…점심 사줬잖아."

"그건 겨우 8만 리알(약 3,000원, 나름 큰돈이다)이었어. 원한다면 돌려줄게."

"뭘 원하는 거야?"

"가이드들은 하루 가이드를 하고 보통 20달러를 받아."

"네가 친구로서 안내해준 줄 알았어. 잘못 이해했구나."

"…."

알리가 갑자기 벤치에 앉아 버렸다. 그리고는 뒤따라오던 영제에게 내게 한 말을 똑같이 하기 시작했다. 피가 거꾸로 치솟는 듯했다. 나는 30만 리알(약 10달러)을 쥐여줘 버렸다. 떠나는 알리가 안타깝다는 듯 말했다.

"계획을 바꾸는 바람에 너희는 좋은 장소들을 모두 놓치는 거야."

"아니, 내가 놓친 건 네가 접근한 목적이었어. 나는 네가 친구라고 생각했다.”

알리는 당황스럽다는 듯 말했다. “우리는 친구야. 돈은 돈일 뿐. 나는 네가 좋아.”

알리가 떠났다. 숙소로 돌아오는 길, 영제는 뭐하러 돈을 줬냐고 했다. 그가 정말 가이드라면 가이드 자격증을 요구하지 그랬냐, 경찰을 불러도 되지 않았냐, 우리가 돈을 주면 다른 사람들도 또 당할 거 아니냐. 들고 보니 맞는 말 같기도 했다. 정말 돈을 주지 말았어야 했을까? 사실 알리에게 다른 꿍꿍이가 있다는 건 애초부터 알고 있었다. 그럼에도 함께 관광을 다니자던 그의 제안을 수락한 건 호기심 때문이었다. 그 꿍꿍이가 무엇일지 궁금했다. 돈이었다.

정치에 대하여 묻는 제나라 선왕에게 맹자는 말했다.

무항산 무항심(無恒産無恒心).

먹고살 만해야 인간도 인간으로서 해야 할 도리를 아는 마음이 나온다. 알리에게 30만 리알을 쥐여주며 솟구쳤던 경멸감. 스위스 한인 민박집에서 나오며 느낀 모멸감. 사람이 사람을 돈으로 보는 건 슬픈 일이다. 무항산 무항심. 항산에서 항심이 나온다. 잊지 않겠다.

08.
베트남, 라면과 함께 춤을

/ 앞일은 정말 모르는 걸까?

intro

자급자족이 선택이 아니라 필수였던 궁핍의 시대에서 벗어나, 지금은 과거와 비할 수 없을 정도로 물질적 풍요를 누리고 있습니다. 자급률은 경제 성장률에 반비례해서 현저하게 낮아졌습니다. 관점을 바꾸어 보면, 의존도를 높이는 식으로 경제 규모를 키워 왔다고 할 수도 있습니다. 의존성이 지나치면 여러 가지 문제가 발생한다는 건 상식입니다. 푸드 마일리지가 그중 하나입니다.
일본인은 평균적으로 지구를 1/4바퀴를 돌아서 온 음식을 먹는 걸로 알려져 있습니다. 이렇게 생산자와 소비자가 멀어지면, 생산지를 속이거나 농약의 과다 사용 같은 문제들이 필연적으로 생겨납니다. 또 의존성이 심해지면 스스로 생각하고 문제를 해결하면서 살아가는 능력이 줄어듭니다. 우울증, 면역력 감퇴, 성인병 증가도 당연한 일입니다. 이게 자급률을 높이는 일이 선택이 아니라 필수인 이유입니다.

- 후지무라 야스유키, 『3만 엔 비즈니스 적게 일하고 더 행복하기』

베트남에서 지낼 때 영제가 나시티를 샀다. 아디다스 로고가 박혀있는 짝퉁이었다. 가격은 10만 동(약 5,000원). 사야 하나 말아야 하나, 길고 긴 고민을 했더랬다. 겨우 5,000원일 뿐이지만 돈은 없고 시간은 많은 게 여행자니까. 고민과 토론, 흥정 끝에 사기로 했다. 하지만 영제는 먹을 것 외에 돈을 쓴다는 자괴감이 컸던지, 내게도 옷을 사라고 부추겼다. “두고두고 입으면 되잖아~” “음, 그렇지.” 귀가 얇은 나는 졸지에 추리닝 바지를 하나 샀다.

영제가 나시티를 산 그날 밤. 나는 영제의 동남아 열대 우림 겨드랑이 숲과 만났고, 영제는 낮에 산 것과 똑같은 나시티를 야시장에서 더 싼 값에 만났다. 가격은 6만 동(약 3,000원). 거 참, 5,000원도 싸다고 샀는데 어떻게 3,000원에 파는 거지? 대단하다는 생각이 들었다. 구매자인 영제는 충격을 받았는지 “이 옷은 4만 동(약 2,000원)이나 싸니 뭔가 흠이 있을

거다."라며 말 같지 않은 소리를 했다. 그리고 다음 날, 이 무슨 운명의 장난인지, 우리는 10만 동에 반바지까지 주는 나시티를 봤다. 애써 밝은 척하는 영제를 보았다. 그런 영제를 기리는 의미로 반바지를 덤으로 주는 나시티를 샀다. 앞일이란 정말 모를 일일까.

2014년 3월 31일, 동해항에서 출발해 러시아 블라디보스토크로 향하는 이스턴드림호를 탔다. 279일의 여행이 시작되던 날이다. 갑판에 서서 점점 멀어져 가는 한국의 모습을 눈에 담았다. 비장한 결의를 다지고 싶었는데 배가 고팠다. 새벽 5시에 일어나 서울을 거쳐 동해로, 동해항 터미널에서 입선 수속을 하다 보니 오후 2시가 되도록 밥을 못 먹었다. 결의는

좀 있다 다지기로. 식당에 갔다. 붉은 카펫이 깔렸고 샹들리에가 달린 고급 식당이었다. 메뉴판을 펼쳤다. 고급스러운 외관이 자칫 손님들에게 부담을 줄까 봐 걱정됐는지 메뉴는 어묵, 돈가스, 라면 등 고속도로 휴게소에 온 듯 친근한 것들이었다. 휴게소 정신까지 계승했는지 어묵, 돈가스, 라면은 비쌌다. 메뉴를 세 번 정독해보았지만 적당히 저렴한 음식을 찾을 수 없었다.

라면 : 6,000원

'우와, 진짜 비싸다. 이런 가격에 팔고도 너희가 인간이냐.' 하지만 오랫동안 한국을 떠나는 이 마당에 라면을 언제 다시 먹어보겠냐는 지극히 나다운 생각이 들었다. 웨이터를 불렀다. 잠시 후 독점 자본주의의 정수가 담겨있는 라면이 나왔다. 국물을 천천히 맛보았다. 한국을 떠난 지 한 시간도 안 됐는데도 아련하고 애틋한 맛이 느껴졌다.

'아, 이제 라면에 미련은 없다.' 마지막 국물을 마시며 라면과의 이별 의식을 마쳤다.

러시아에서 몽골을 거쳐 베트남까지 두 달, 주구장창 라면을 먹었다. 그 라면이 한국산이라는 사실이 여행 첫날의 라면 이별 의식을 민망하게 만든다. 어떻게 이런 일이…. 한국에서 먹을 라면을 여행 다니며 더 많이 먹었다. 러시아와 몽골, 동네 작은 구멍가게에조차 당연한 듯 진열돼 있던 한국 라면. 무의식적으로 라면을 사 먹었다. 그래, 이건 그전에 라면을 먹었던 내 경험 탓일 수 있겠다. 경험이 선택을 만들고 선택이 미래를 만든다면. 익숙한 것을 찾는 인간은 의지를 갖지 않는 한 경험의 울타리를 벗어날 수 없다. 그렇기에 앞일이란 모를 일이지만 내가 선택을 바꾸지 않는 한 예측은 가능하다. 부처님 손바닥 안에 있듯 말이다. 어떻게 부처님 손바닥에서 벗어날 수 있을까. 어떻게 경험의 울타리를 넘을 수 있을까. 답은 매 순간의 선택 속에 있다. 깨어있는 선택 속에. 그런 의미에서 라면은 이제 그만.

PASSPORT

CHAPTER 3
사람들이 묻다

01.
에티오피아, 소매치기는 외양간을 남기고

/ 왜 돌아온 거야?

intro

모든 민족은 언제나 자조(自助)하는 법을 알았다. 항상 자신들의 특유한 자연 환경에 적합한 삶의 양태를 발견해왔다. 사회와 문화는 그들 자신의 양태를 버리고 퇴폐에 빠지게될 때 붕괴했다. 지금이라고 세계의 수많은 지역들이 왜 안 그렇겠는가? 나는 통상적인 가난을 말하는 것이 아니라 실제적이고 예리한, 칼과 같은 궁핍을 말하는 것이다. 가난은 과거에 통례였을 수 있다. 그러나 궁핍은 그렇지 않다. 가난한 농부와 장인들은 태곳적부터 존재해왔지만 헐벗고 비참한 수천 명의 시골 사람들과 도시의 수십만 노숙자들의 존재는 (전쟁이 없는 평화시기임에도) 인류 역사에서 볼 때 매우 비정상인 괴상하고도 부끄러운 소산물이다. "무엇이 잘못되었나? 이 사람들은 왜 자조하지 못하는가?" 내 생각에 해답은 그들 고유의 '가난의 문화'를 포기한 데 있는 것 같다. 말하자면 그들은 참된 문화를 잃어버렸을 뿐 아니라 너무나도 많은 경우에 그들의 가난이 궁핍으로 바뀐 것이다.

- E. F. 슈마허, 『내가 믿는 세상』

여행을 시작한 지 어느새 8개월, 에티오피아에 도착했다. 에티오피아는 우리나라의 1960년대가 이런 모습이지 않았을까 싶은 나라였다. 이제 막 개발 붐이 불기 시작한 듯 땅을 파헤치는 공사 현장이 여기저기 있었다. 대부분 중국에 의한 개발이었는지 중국 회사가 많았다. 이집트에서 밤 비행기를 타고 에티오피아의 수도 아디스아바바에 도착했다. 이날, 상큼하게 소매치기를 당했다. 네 사람이 함께 길을 걷고 있었다. 돈을 뽑기 위해 은행을 찾아가던 길이었다. 두 사람은 앞에서 걸어가고 있었고, 나는 유귀 형과 함께 걷고 있었다.

범인은 10살쯤 되는 코흘리개 꼬맹이들이었다. 녀석들은 내게 다가왔다. 아이들은 잡지를 들이밀며 사달라고 했다. 아이들을 무시하고 걸어갔다. 문득 이상한 느낌이 들었다. 아래를 내려다보니 잡지에 가려진 시야 사이로 가방에서 지갑을 꺼내 가고 있는 손이 보였다! 밤 비행기를 타서 오락가락했는데 정신이 번쩍 들었다.

이런 귀여운 녀석, 그 손을 잡았다. 꼬마야, 너 이러면 못쓴단다. 아이 손을 붙잡고 적당히 훈계했다. 뒤돌아서 가던 길을 계속 갔다. 왠지 가슴 한구석에 허전한 기분이 들었다. '뭔가 이상한 기분이야. 그 아이의 미래를 위해 다른 말을 해줘야 했을까?' 아니, 그건 줄어든 내 가방의 무게였다. 전자책 단말기가 없어졌다는 걸 깨달았다. 지갑을 꺼내기 전에 벌써 가져간 것이다. 옆에 있던 유귀 형에게 상황을 설명할 틈도 없이 아이들을 좇아 달렸다. 분노의 추격을 시작했지만, 녀석들은 내 뒤에서 그냥 걸

어가고 있었다. 3초 만에 종료된 추격전.

한 꼬마를 잡았다. 다른 아이들은 흩어져 도망갔다. 꼬마는 붙잡히자마자 울고불고 소리를 질렀다. 동양인이 아이를 붙잡고 있으니 주변으로 사람들이 모여들었다. 꼬마는 울며 소리를 질렀고 주변 사람들은 에티오피아 말로 뭐라고 뭐라고 하니 정신이 없었다. 정신을 잃으면 안 된다. 꼬마에게 집중했다. 다행히 다른 배낭여행 친구들이 경비아저씨를 데려왔고 경비아저씨의 도움으로 파출소에 갈 수 있었다. 동네 파출소였던 그곳은 컨테이너 정도 크기의 목제 건물이었다. 나무 책상과 나무 의자 한 세트, 역시 나무로 만들어진 감옥(으로 보였는데 경찰은 여기서 옷을 갈아입었다). 조촐한 파출소 벽에는 범죄 지표 포스터들이 붙어있었다. 낮이었는데도

창문이 작은 파출소는 어두웠다.

파출소에는 그림자 속에 숨어 먹이를 기다리는 검은 카멜레온과 같은 인상의 한 청년이 앉아있었다. 청년은 러닝셔츠 차림이었다. 사람들이 갑자기 우르르 들이닥치자 청년은 '사건인가' 하는 표정을 지으며, 멋지게 하지만 느긋한 표정으로 경찰 셔츠를 입고 천천히 단추를 채웠다. 서부영화에 나오는 보안관처럼 보였는데, 영화에서와는 달리 에티오피아 보안관은 영어를 전혀 하지 못했다. 우리는 손짓과 발짓으로 상황을 설명했다.

'이 녀석 일당이…' '내 가방에서…' '전자책 단말기를…' '훔쳤다…'

잠깐의 침묵. "…오케이." 그는 난처한 표정을 지으며 어딘가로 전화를 걸었다.

"동료들을 불렀으니 잠시만 기다려달라." 경찰이 말했다.

"여기 의자에 앉아 기다려라."라고 아이에게도 말했다. 파출소 소장님처럼. 원래 에티오피아 경찰 취조가 그런 건지 모르겠지만, 경찰은 갑자기 긴 팔로 꼬마의 뺨을 후려쳤다. 그리고 아이를 동네 개 패듯 때렸다. 곧 책상 위에 있던 경찰봉을 집었고 이것이 경찰봉이라는 것을 보여줬다. 아이는 바닥에 뒹굴며 울고불고 소리를 질렀다. 험악해진 분위기…. 괜히 애를 잡아 와서 이런 일을 겪게 만든 건 아닐까 하는 자책감. '이미 없어진 물건은 어쩔 수 없으니 그만하시죠.'라고 말해야 하나. 하지만 나는 아무 말도 할 수 없었다.

구타가 끝났다. 아이에 대한 취조는 그것으로 충분했는지, 경찰은 이제 우리에게 질문했다. 파출소 앞을 지나가던 동네 아주머니가 통역을 해

주었다. 아이들이 잡지를 들고 있었다던가, 일당이 대여섯이었다던가, 어디서 당했다던가 등 자초지종을 조금 더 세밀하게 설명했다. 영어를 잘하는 일본 친구 덕분에 나도 가만히 자초지종을 들었다. 상황을 되짚어보았다. 그러다 경찰 너머 바닥에 앉아 있는 아이가 보였다. 쪼그리고 앉아 있는 모습을 보니 측은한 마음이 들었다.

어째서 이 아이는 학교도 안 가고 소매치기를 해야만 했을까. 이 녀석을 소년원에 보낸다면 이 녀석은 앞으로 어떻게 되는 걸까. 용서를 해줘야 하나. 무엇이 이 아이를 위한 길일까. 그런데 이 녀석, 죄책감은커녕 천진난만 '집에 가면 뭐하지?' 하는 듯한 표정을 짓고 있었다. 방금 울고불고했던 기색이 전혀 보이지 않았다. 그러고 보니 처음 잡혔을 때도 비슷한 표정을 지었다. 덤덤한 표정.

일본 친구가 나를 가리키며 꼬마에게 말했다. "사과해."

꼬마는 방금까지 짓고 있던 '집에 가면 뭐하지?' 표정이 자신에게 시선이 모이자 순식간에 울먹거리는 표정으로 변했다. "죄송합니다." 시키지도 않은 무릎까지 꿇었다. 연극을 보는 기분이다. 현실 같지가 않았다.

잠시 후 다른 경찰 둘이 더 왔다. 그들은 꼬맹이 일당을 찾기 위해 그 아이를 데리고 나갔다. 몇 시간이 흐른 뒤 그들은 처음 보는 다른 아이 둘을 데리고 돌아왔다. 그 아이는 어디로 갔을까? 아이는 도망가고 다른 아이들을 데려온 것이다. 나중에 알게 된 사실이지만 에티오피아에서는 아이들을 소년원에 보내지 않는단다. 그래서 어른들은 아이들을 소매치기

로 이용한다고 한다.

어쩌면 소매치기를 하는 것도, 재수 좋게 어벙한 여행객의 가방을 터는 것도, 재수 없게 붙잡히는 것도, 얻어터지는 것도, 무릎 꿇고 비는 것도, 그 열 살 남짓한 아이에겐 그저 일상이 아닐까. 어렸을 때 내가 학교는 당연히 가야 하는 거로 생각했던 것처럼 말이다. 그 아이에게 소매치기는 당연히 해야 하는 것이고, 그 경찰에게 애들은 당연히 패야 하는 것이라고 말이다. 여행을 시작한 지 250여 일이나 지났는데 나는 그제야 걸리버가 소인국에 떠밀려 간 것처럼 누군가에겐 비정상이 누군가에겐 일상이 되는 곳에, 다른 사회에 왔음을 깨달았다. 그들과 나, 같은 사람이지만 자라나는 사회와 환경이 다르면 다른 사람이 된다. 사람이 사회를 만들지만, 또 사회가 사람을 만든다.

제사에 제물이 필요하듯, 그날 잃어버린 전자책 단말기가 잊고 있던 질문들을 마주하게 해주었다. 사회는 어떻게 변화되는 걸까. 무엇이 사회를 변화시킬까. 여행을 시작한 지 9개월, 18개월을 예정했던 여행의 절반이었다. 해야 할 일이 생겼다. 한국에 돌아가야겠다. 귀국을 결심했다.

02. 인도, 네가 밉다

/ 가장 기억에 남는 나라가 어디야?

intro

- 최근에는 여행 붐이 일면서 세계가 더욱 좁아진 느낌이 든다고 해. 매년 수백만의 선진국 사람들이 브라질이나 페루, 인도네시아를 여행하고, 아프리카 연안이나 남미 고원지대, 멕시코 고원, 캘커타나, 인더스 계곡 등지로 몰려가지. 하지만 그곳을 여행하는 사람들은 맹인이나 마찬가지야. 여행지에서 기아 희생자들을 목격하게 되는 경우는 극히 드물지. 거리에서 마주치거나, 어쩌다 슬럼가에 인접한 호텔에 묵게 될 경우에만 약간 감을 잡을 수 있어. 현재로서는 문제의 핵심이 사회 구조에 있단다. 식량 자체는 풍부하게 있는데도, 가난한 사람들에게는 그것을 확보할 경제적 수단이 없어. 그런 식으로 식량이 불공평하게 분배되는 바람에 안타깝게도 매년 수백만의 인구가 굶어 죽고 있는 거야.

- 그러니까 세계의 모든 사람들을 먹여 살릴 만한 식량은 충분히 있다는 건가요?

- 그뿐 아니란다. 지구는 현재보다 두 배나 많은 인구도 먹여 살릴 수 있어.

- 장 지글러, 『왜 세계의 절반은 굶주리는가』

시끄러운 경적과 거리를 배회하는 개떼. 더위와 매연, 습기, 길가 쓰레기의 악취가 엉켜있는 공기. 거리에서 먹고 자는 사람들. 인도의 첫 느낌은 혼돈과 불쾌함 그 자체였다.

인도에 도착한 지 이틀째, 우리는 영화 <City of Joy(기쁨의 도시)>의 배경 도시 콜카타에 있었다. 기쁨은 없어 보이는 콜카타 거리, 숙소를 찾아 걸어갔다. 인도인 아저씨가 다가왔다. "How are you?" 나이가 50대쯤으로 보이는 인도인 A. 머리가 하얗고 깔끔한 셔츠를 입고 있었다. 다른 인도 사람들보다 뭔가 여유 있어 보이는 인상이었다. "Where are you from?" A는 아침 산책 중이었다. 5분을 함께 걸었을까. 이런저런 깨알 같은 이야기들을 나누었다. 갈림길에 도착했다. A는 자기 가게에 와서 인도식 밀크티 챠이를 한잔 마시고 가지 않겠냐고 제안했다. 딱히 거절할 이유가 없었다.

A를 쫓아 골목에 들어갔다. 골목에서 또 골목으로 들어갔다. '가게가 과하게 구석에 있는 걸?' 음습한 골목을 걷는 중에 또 다른 인도인 B를 만났다. 아니 이런 우연이. B는 어제 길을 걷다 만난 아저씨다. 방금 만난 A와 어제 만난 B는 같은 가게에서 일한단다. '세상 참 좁구먼.' 가게는 골목 구석진 곳에 있었다. '가게'보다는 '창고'라는 말이 적당한 위치였다. 이렇게 구석에 있는데 손님들이 오겠나. 곰팡이만 자랄 것 같은 이곳에 도대체 어떤 손님이 오는 거지.

A와 B가 강도는 아니겠지 싶은 순간, 가게 문이 열렸다. 힌두신의 조각들과 목걸이, 반지 같은 공예품들이, 인도의 옷이 있었다. 다행히 가게였다. 가게 안에는 인도인 C가 있었다. 영제와 나, A와 B, C까지 다섯 사

람이 들어가니 가게가 꽉 찼다. A가 챠이를 가져온다고 나갔다. 철컥. 가게 문이 잠겼다.

가게에는 네 사람이 남았다. 직원으로 보이는 젊은 청년 C는 말이 별로 없었다. B는 우리에게 인도 전통 옷을 보여주고 싶다고 했다. "괜찮은데요." B는 봐야 한다고 우겼다. 기어이 옷을 꺼내기 시작했다. 한 벌, 두 벌, 세 벌… 몇 벌 꺼내다 멈출 줄 알았는데 옷이 끝없이 나왔다. 가게는 순식간에 한 무더기 옷으로 가득 찼다. 코딱지만 한 가게 어디에 저 옷들이 있었던 걸까. 한번 입어보라고 말하는 B. 신데렐라에게 '어서 옷을 입고 파티에 가야지.' 하고 말하던 요정을 보는 기분이랄까. 깡마른 뼈다구 아저씨 B가 요정이라기에는 동심이 파괴당하는 기분이다. 그래, 차라리 닌자라고 하자. 눈 깜짝할 사이에 벌어진 창고 대방출술. 뼈다구 닌자 B는 도술을 부린 후 말했다. "한번 입어보렴."

B는 말했다. "인도에서는 인도 옷이 필요해." 이어서 인도 옷의 소재는 바람이 잘 통해 시원하고 빨래를 해도 금방 마른다고 했다. 낮에 입고 저녁에 빨면 다음 날 아침에 마르니 한 벌이면 충분하다고. (이 부분은 정말 마음에 들었다) 자기가 인도 옷을 팔기 때문에 그런 말을 한 거겠지만, 진심으로 자부심이 느껴지는 설교였다. '아차, 분위기가 과도하게 무르익어버렸다.' 우리는 정신을 차렸다. 더 이상 희망을 줘서는 안 된다. 영제와 눈짓으로 탈출을 결정했다. 우리가 말했다. "이만 가봐야겠다." 순간, 일요일 밤 개그콘서트가 끝난 것 같은 정적이 흘렀다. C는 여전히 아무 말도 하

지 않았다. B가 정적을 깼다.

"옷을 사라. 그러면 보내주겠다."

이 뻔뻔함에 어이가 없었다. 화가 울컥 치밀었다. 이것들이 누굴 호구로 아나.

"우리는 안 살 거다." 그러자 B가 오히려 어이없다는 듯 말했다.

"너희는 오늘 우리의 첫 손님이다. 너희가 사지 않으면 오늘 우리 가게는 재수가 없다. 우리 가게의 행운을 위해 옷을 사라. 인도의 전통이다."

이게 무슨 햄토리 씨나락 갉아먹는 소리야. 너희 행운을 왜 우리가 책임져. 이때 든든한 영제가 옆에서 거들었다.

"인도 옷 하나 사려고 했는데 사지 뭐." 역시 든든한 영제가 거들어 주…었, 엥? 정말 옷을 사려고 했었다는 영제와 옷을 안 사면 정말 보내주지 않겠다는 B. 수요와 공급이 만났다. B가 처음 얘기한 가격은 한 벌에 8달러였다. 하지만 영제는 놀라운 뻔뻔함으로 옷을 깎고 또 깎았다. 옷이 무슨 깍두기도 아니고 저렇게 깎아도 되나. B가 정말 미웠는데, 영제의 뻔뻔함에 당황하는 B가 점점 불쌍해졌다. 결국 영제와 나, 각각 한 벌씩 옷을 샀다. 두 벌에 5달러를 줬다. 거래 후, 가게는 다시 개그콘서트 분위기로 돌아왔다. B가 말했다. "챠이 한 잔 더 마실래?"

P.S. 이날 내가 산 바지는 여성용이었다.

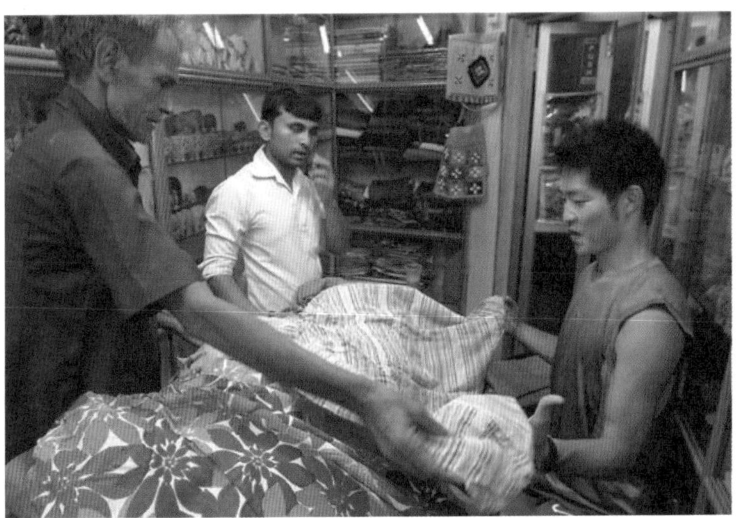

03.
인도, 야간 택시를 탔다…

/ 위험하진 않았어?

intro

그럼 무슨 일을 해야 하나요? 무엇보다도 인간을 인간으로서 대하지 못하게 된 살인적인 사회 구조를 근본적으로 뒤엎어야 해. 인간의 얼굴을 버린 채 사회윤리를 벗어난 시장원리주의경제(신 자유주의), 폭력적인 금융자본 등이 세계를 불평등하고 비참하게 만들고 있어. 그래서 결국은 자신의 손으로 자신의 나라를 바로 세우고, 자립적인 경제를 가꾸려는 노력이 우선적으로 필요한 거야.

- 장 지글러, 『왜 세계의 절반은 굶주리는가』

여행길 위에서 운명이라는 녀석은 마른 불처럼 갑자기 번져왔고 운명 앞에 불나방일 수밖에 없는 우리는 그 불빛을 피해 갈 수 없었다. 인도에 있을 적에 생겼던 운명의 불장난, 콜카타를 떠나기 전날 밤에 생긴 일이다.

야간 택시 타기. 인도라는 나라에서 야간 택시를 탄다는 건 우리나라 야간 택시를 타는 일과는 차원이 달랐다. 5분만 거리를 걸어봐도 '치안이 불안하구나.'를 삼척동자도 알 수 있을 콜카타에서 야간 택시 타기는 이전까진 차마 도전할 수 없었던, 아니 피해야 했던 일이다. 그날 우리는 고아원 봉사를 함께했던 성지와 저녁을 먹었다. 이런저런 이야기를 하하호호 깨 볶으며 나누다 보니 시간이 늦어져 버렸다. 그때 시각이 저녁 8시 30분. 전철이 있을 거라 생각했는데, 마지막 전철을 1분 차이로 놓쳐버렸다. 요놈의 전철이 9시도 안 돼서 끊길 줄이야.

전철역 앞에는 택시 2대가 호구 2명을 기다리고 있었다. 가격 협상을 시작했다. 말할 것도 없이 우리가 불리한 협상이었다. 협상은 여유가 있는 사람이 우위에 서는 법이다. 시간이 지날수록 애가 타는 쪽은 우리였다. 2대뿐인 택시, 부르는 요금도 똑같은 걸 보니 그마저도 서로 친구였나 보다. 그야말로 부르는 게 값인 상황. 만 원을 달라고 했다. (전철은 100원이잖아, 이 자식들아…) 사실 낮에도 호구 짓을 여러 번 당했다. 결국 택시를 탔다. 하지만 진정 심장이 쫄깃해지는 여행은 이때부터 시작됐다.

이미 캄캄해진 콜카타의 밤. 휑한 거리는 불안하게 깜빡이는 불빛, 정체 모를 리듬의 음악, 개 짖는 소리로 가득했다. 낮보다 더 분명히 들리는 거리의 소음. 운전대 옆에는 자그마한 힌두 제단이 있었다. 흑백 무성영화에서나 볼법한 우리의 택시는 밤의 도로를 달렸다. 택시는 속도가 올라갈수록 심하게 흔들렸다. 속도계 바늘은 50㎞/h에 멈춰 서서 신나게 흔들리고 있었다. 속도가 점점 빨라졌다. 기사 아저씨는 슬그머니 안전띠를 맸다.

모태 힌두교도일 것이 분명한 택시 아저씨가 유대인들의 조상 모세 형을 알는지 모르겠다. 아주아주 먼 옛날, 홍해 앞에서 하나님께 기도했던 모세 형처럼, 아저씨는 빨강 신호등을 앞두고 신들린 클랙슨을 울렸다. 모세 앞의 홍해처럼 택시의 클랙슨은 기적처럼 막힌 길을 열었… 을 리가 없잖아. 그렇지만 아저씨는 전혀 당황하지 않았다. 슬쩍 쳐다본 아저씨의 눈은 말하고 있었다. '내 그럴 줄 알았지.' 그리곤 브레이크가 아닌 가속 페달을 밟는 게 아닌가. 빨간 신호를 마주 보며 우리가 탄 택시는 속도를 있는 대로 높였다. '내가 먼저 지나가면 장땡' 속도였달까.

59분 전, 성지와 우리는 저녁을 먹고 있었다. 정말 즐거웠다. 인도 음식이 이렇게 맛있을 수도 있다는 것을 알았다. 그 시간은 무엇과도 바꿀 수 없는, 정말 소중한 시간이었다. 하지만 딱 3분만 일찍 헤어졌어도 되지 않았을까. 어찌 됐든 지하철은 꼭 타야 했다는 마음이 들었다. 지하철 주제에 창문 열고 자연풍으로 냉방 한다고 비웃었는데 콜카타 전철에도 뒤

늦게 미안한 마음이 들었다. 아, 진짜 무섭다. 사고가 날 것 같았다.

그래도 이런 심장 쫄깃한 시점에 영제가 함께 있어서 다행이다. 뒷자리에 앉아 있는 영제를 보았다. 나와 달리 영제는 '납치'당하는 중이 아닌가를 경계하고 있었다. 그러고 보니 백미러로 아까 그 동료 택시가 보인다. 왠지 모르겠지만 '정말로' 우리 택시를 쫓아오고 있다. (우연이라고 말해줘… 제발!). 같은 상황에 다른 걸 생각할 수 있다는 건 꽤 괜찮은 일인지도 모르지만, 이건 교통사고냐 납치냐 둘 중 하나, 아니면 두 개가 같이 일어나도 이상하지 않을 것 같은 상황. '지금 납치를 당하는 중이라면 차라리 사고가 나는 게 낫다.' 마음이 조금은 편안해졌다.

30분의 야간 택시 체험. 다행히 우리는 안전하게 돌아갈 수 있었다. 어쩌면 당연히 안전하게 돌아간 거겠지만. 뒤에 따라오던 택시는 그냥 우연히 같은 방향이었을 뿐이었다. 아무튼 당시 난 간덩이가 장조림 되는 줄 알았다. 인도, 정말로 신변의 위협이 무엇인지 제대로 느끼게 해준 나라였다.

04.
그리스, 1,149㎞ 자전거 여행(2)

/ 로맨스는 없었어?

intro

화가들이 초록색 풀과 푸른 하늘에 관해서 지금까지 들어왔던 것을 다 잊어버리려고 노력한다면, 혹은 마치 우주 탐험 여행 중에 다른 혹성에서 돌아와 지구를 처음 대하는 것처럼 본다면, 우리는 주위의 사물들이 엄청나게 놀라운 다른 색채들을 지니고 있음을 발견하게 될 것이다. 화가들은 때때로 그러한 우주 탐험을 다녀온 것같이 느낀다. 그들은 세상을 새롭게 보고 사람의 살은 살색이고 사과는 노랗거나 빨갛다는 기존의 관념과 편견을 버리고자 애쓴다. 이러한 선입견을 버리기는 쉬운 일이 아니지만 일단 거기에 성공한 미술가들은 대단히 흥미로운 작품을 만들어낼 때가 많다. 이러한 화가들은 우리들에게 미처 깨닫지 못했던 아름다움의 존재를 자연에서 찾으라고 가르쳐준다. 우리가 그들을 따라 그들로부터 배우고 우리 자신의 창에서 벗어나 그들의 세계를 한번 힐끗 내다보기라도 한다면 그 자체가 하나의 감동적인 모험이 될 것이다. 위대한 예술 작품을 감상하는 데 있어서 제일 큰 장애물은 개인적인 습관과 편견을 버리려고 하지 않는 태도이다.

- E. H. 곰브리치 『서양미술사』

여행 다녀오고 친구들이 꼭 묻는 말이 있다. 그것도 비슷한 타이밍에 묻는다. 한참 얘기를 들은 후, "그건 그렇고, 뭐 없냐?" '뭐' 그것은 무엇일까. 그건 일요일 아침 방송 동물농장에도 나오는 바로 그거. 로맨스를 묻는 말이다. 그래, 로맨스. 인류의 끝나지 않는 이야기, 나이와 국경을 넘고 모든 변명을 불태우는 존재. 로맨스, 내겐 엄마 친구 아들과 같은 존재. 들어는 봤으나 만나본 적은 없는 그런 존재. 그래, 생각해보니 로맨스라는 것도 있었지….

어린 시절 읽은 삼국지가 생각난다. 중국 소설이지만 한국 사람이라면 모르는 사람이 없는 고전. 복숭아나무 아래에서 형제가 되기로 약속한 세 사람, 책사 제갈량을 얻기 위해 세 번을 찾아갔던 유비. 삼고초려, 파죽지세, 읍참마속…. 내 거침없는 사자성어 실력은 삼국지의 가르침에서 비롯됐다 해도 과언이 아닐 것이다. 나도 남자라고 어린 시절 삼국지를 읽으며 영웅이 되기를 꿈꿨다. 자기 눈에 박힌 화살을 스스로 뽑아버렸다는 엄청난 기백의 소유자 장수 하후돈. 그만큼은 되지 못할지라도, 소박하게 촉의 왕 유비 정도는 되지 않을까 생각했다.

유비, 조조, 손권, 그들은 왜 왕의 자리에 만족하지 못하고 황제가 되기를 꿈꿨던 것인지, 그들이 정말 백성을 위해 전쟁을 한 것인지는 알 수 없다. 어쨌든 어린 시절에는 만화로도, 게임으로도 삼국지를 즐겼다. 그랬던 삼국지가 여행하며 생각난 것은 그 이야기로 배운 교훈 때문이다.

난세가 영웅을 만든다는 말의 교과서답게 삼국지에는 많은 영웅이 나왔다. 누군가는 용맹함으로, 누군가는 지혜로움으로, 누군가는 통찰력으로 역사의 무대에 자신의 이름을 올렸다. 그리고 수많은 영웅이 역사의 뒤안길로 사라졌다. 그 이유의 대부분은 '주색'이었다. 그래, 내게 로맨스가 없는 건 삼국지 탓이다. 하지만 이제 와 애꿎은 책에 억하심정을 품는 건 책임회피, 지나가던 강아지도 비웃을 적반하장, 단순한 우연의 일치가 아닐까. 보았는가. 나의 사자성어 내공. 하지만 왠지 섬뜩하다. 정말 책 한 권의 영향일까?

사실 주색은 내 의지와 희망에 상관없이 다른 세계의 단어였다. 한 잔만 마셔도 얼굴이 벌게지는 유전자로 술은 처음부터 멀었다. 백 번 소개팅에 나가 까르보나라를 먹어도 수만 번 미팅에 나가 배스킨라빈스를 외쳐도 언제나 결국은 상대 여자를 좋은 친구를 만드는 놀라운 초능력…. 여행을 다니면서도 정말 많은 '좋은 친구들'을 사귀었다. 여행을 떠나기 전, 친구들은 말했다. 한국에서 못 찾은 사랑, 외국에 있을 거야. 안에서 새는 바가지가 바깥에서 새지 않을 리가 없었다. 결과적으로 로맨스 마법은 일어나지 않았다. 그래서 "뭐 없냐?"라는 질문에 할 말이 없다.

그렇다면, 내겐 뭐가 있는 걸까? 난 279일 동안 뭘 한 걸까?

아시아 여행을 마무리하며, 영제와 나는 이스탄불에서 아테네까지 자전거를 탔다. 에게 해 해안선을 따라 자전거 여행을 하는 것도 재미있을 것 같았다. '물론 힘들겠지만, 푸른 바다를 보며 해안 도로를 달릴 수 있어.' '가고 싶은 지역을 자유롭게 여행할 수 있어.' 준비된 말을 꺼내기도 전에 영제가 '레츠 고!'를 외쳤다. 결정을 못 박아 버리고자 곧장 자전거를 샀다. 이스탄불 자전거 가게를 돌아다녔다. 신문을 구독하면 받을 수 있을 정도 수준의 자전거 두 대를 샀다. 마른 들풀에 불붙듯 마음이 더욱 불탔다. 활활. 이미 아테네에 도착한 기분마저 들었다. 그런데 우리가 진짜로 생각했어야 했던 건 푸른 바다나 만끽할 자유의 여정이 아니었다. 우리 선택 앞에 놓여있는 과정이었다.

우리는 '이스탄불 - 아테네'가 얼마나 떨어져 있는지 자전거를 산 후에 검색했다. 제주도 둘레(230㎞) 정도 되겠지. 쉬엄쉬엄 넉넉하게 일주일 걸리겠지. 1,149㎞. 시스템 오류인가? 몇 번을 다시 검색해도 나오는 천㎞. 1,149㎞는 하루 80㎞를 간다고 해도, 쉬지 않고 열흘하고 나흘을 더 달려야 하는 거리였다. 우리 선택 앞에 펼쳐진 거리였다.

낙장불입. 자전거를 이미 사버렸다. 자전거 여행이 시작됐다. 이 여행은 엄밀히 표현하자면 7년 전의 어떤 군사훈련을 떠올리게 하는 여행이었다. 정신 차리게 만든답시고 정신을 잃기 직전까지 뛰었던 뜀뛰기였다. 붙이지 말라는 끝 번호를 외치는 놈이 끝없이 나오던 유격훈련이었다. 끝없는 길이 끝없이 이어졌다. 세상의 모든 길이 내 앞에 놓여 있었다. 하루 8시간. 페달을 밟았다. 탈진과 바람을 가를 때 피어나는 상큼함 사이를 왕

복하는 수행이었다. 푸른 바다를 보며 달릴 수 있어, 마음대로 가고 싶은 곳을 여행할 수 있어, 개뿔. 페달을 밟을 땐 허벅지 근육 경련이, 페달을 밟지 않을 땐 전립선의 고통이, 이래도 저래도 고통스러운 사이클이 반복됐다.

영제는 내 뒤에서 달렸다. 영제의 자전거는 핸들이 헛돌거나 페달이 빠지는 등 별의별 문제가 다 생겼다. 내 자전거가 차라리 부서져 버려줬으면 싶었다. 자전거가 부서져서 '어휴, 어쩔 수 없지.' 같은 말을 하며 자전거 여행이 중단되길 바랐다. 하지만 내 싸구려 자전거 스톰은 펑크가 나긴 해도 절대 부서지지 않았다. 물론 그 사실을 안 건 1,149㎞를 모두 달리고 나서이다. 하루 평균 80㎞를 달렸다. 매일 5ℓ의 음료수를 마셨다. 매일 좀비처럼 아침을 맞이했다. 페달을 밟고, 펑크를 때우고, 페달을 밟

았다.

나는 로봇이다, 나는 감정이 없다, 나는 고통을 느낄 수 없다. 아테네에 도착하기까지 20일, 페달을 밟으며 나는 이 주문을 외우고 또 외웠다.

파울로 코엘료는 우리 삶의 대가에 대해 이렇게 말했다.

"진정한 땀의 대가는 우리가 무엇을 얻었느냐가 아니라, 우리가 무엇이 되었느냐입니다."

세계여행을 다녀오면, 눈에 박힌 화살 정도는 뽑아버리는 유비가 되어있지 않을까 생각했다. 친구들은 아저씨가 되어 돌아왔다고 말한다. 싫지 않다. 적어도 로봇이 되어 돌아오지는 않았으니까. 여행을 출발하기

전, 차라리 로봇이었으면 싶던 날들이 있다. 감정도 고통도 느끼지 못하는, 시키는 대로만 하면 되는. 로봇만도 못하게 살았던 날들이 있다. 그저 내 앞만 보며 걸어가던. 내 주변이 어떻든 무관심한.

1,149㎞, 아테네에 도착하기 위해 땀 흘리던 날을 기억한다. 279일, 변변한 로맨스 하나 없지만, 이 시간을 지나오며 내 27.9살도 지나갔다. 앞으로 살아가는 데 자전거 여행 같은 과정이 적어도 100만 개는 있을지도 모른다. 28살, 새로운 선택 앞에 선 내게 난 주문을 외운다.

'다른 이의 마음을 느끼는 인간이 되길. 다른 이의 고통에 눈감지 않는 인간이 되길. 내가 선택한 그 길을 믿길. 하루하루 삶을 완성해 나가길.'

05.
러시아,
고담시를
걷는 기분

/ 러시아는 어때?

intro

프로도는 나무에 손을 대 보았다. 나무껍질의 촉감과 결을, 그리고 거기에 든 생명을 그렇게 갑작스럽게, 그렇게 예민하게 느껴 본 적이 없었다. 그는 목수도 산지기도 아니면서 나무와 나무의 촉감에서 어떤 기쁨을 느꼈다. 그것은 살아있는 나무 그 자체의 기쁨이었다.

- J.R.R. 톨킨, 『반지의 제왕』

동해에서 배를 타고 도착한 러시아 블라디보스토크. 극동 블라디보스토크로부터 하룻밤 기차를 타고 도착한 하바로프스크. 영제는 하바로프스크에 2주 전부터 미리 와 있었다. 하바로프스크 현지에서 아파트를 짓는 한국 건설사에 영제의 지인이 있었다. 우리는 그분을 통해 회사 숙소에서 신세를 질 수 있었다. 기차역에 나와서 기다리고 있던 영제. 2주 만에 다시 만났다. 영제를 10년 동안 알아 왔지만 외국에서 만나니 감회가 새로웠다.

일단 숙소에 짐을 풀었다. 오랜만의 회포도 풀 겸 밖으로 나갔다. 마냥 겨울왕국일 것 같은 러시아지만 여름에는 꽃도 피고 강에서 수영도 즐긴다고 한다. 하지만 4월의 하바로프스크는 아직 겨울이었다. 거리에는 여전히 눈이 쌓여 있었다. 눈은 거리 곳곳에 언덕을 이루고 있었다. 거리의 온갖 먼지를 흡착한 눈은 더 이상 눈이랄 수 없었다. 이런 더러운 눈으로 눈싸움을 한다면 그냥 싸움이 되겠지 싶었다.

여행을 다니며 항상 맥가이버 칼을 지니고 다녔다. 유사시를 대비한 칼이었다. 러시아를 여행한다는 말에 친구들이 러시아에 관한 이런저런 흉흉한 소문을 얘기해 주었다. 지나가던 행인이 갑자기 칼로 찌른대, 총을 들고 다닌대, 경찰과 마피아가 한패래. '이런 뜬소문 따위 하나도 겁나지 않아!' 겁쟁이 녀석들. 당장 가게에 가서 주머니칼을 샀다. 그리고 항상 바지 주머니에 넣고 다녔다. 노란색 손잡이의 칼이었다. 드라이버가 있고, 가위가 있는.

고담시는 영화 <배트맨>의 배경이 되는 도시다. 범죄로 가득한 도시 고담. 하바로프스크는 음울하고 기괴한 도시, 고담시의 실제 배경이 아닐까 싶은 도시였다. 우중충한 날씨, 거리에 누워있는 술 취한 노숙자. 곁을 지나가는데 노숙자가 뭐라 뭐라 말을 건넸다. '쓰바시바.' 고맙다는 말부터 욕 같은 러시아 말이었다. 고담시 뒷골목을 걷는 느낌이야. 하바로프스크에 계시는 한국인 분들도 밤에는 돌아다니지 말라고 충고해 주셨다. 덜덜. 괜찮아, 내겐 맥가이버 칼이 있으니까. 만에 하나 실제상황이 발생하면 어떻게 하지? 머릿속으로 상황을 그려보았다. 이상한 낌새가 감지된다. 주머니에서 칼을 꺼낸다. 접혀있는 칼을 편다. 18 대 1의 상황 해결. 이상적인 상황이다. 하지만 희망과 다르게 실제로 벌어질 상황은 이랬다. 주머니에서 칼을 꺼낸다. (주섬주섬) 여러 도구 중 칼을 찾는다. 드라이버가 나오면 안 되니까. (더듬더듬) 손이 베이지 않도록 칼을 편다.

친구도 아군도 없는 냉정한 칼은 주인이라고 봐주지 않잖아. (쩔쩔) 아무리 생각해봐도 최소 7초가 걸렸다. 1990년대 홍콩영화 마니아라면 안다. 7초면 쓰리 강냉이가 털려도 열세 번은 털릴 시간이었다. 차라리 이 시간에 칼을 집어 던지는 게 더 효과가 있지 않을까. 스스로도 의구심이 들었다. 하, 우짜지. 그래도 믿을 건 맥가이버 칼뿐이었다.

여행 중반부를 넘어가며 맥가이버 칼은 수염을 다듬을 때나 필요하다는 걸 깨달았다. 칼을 꺼내야 하는 상황은 일어나지 않았다. 맥가이버 칼은 주머니를 떠나 자연스럽게 배낭으로 들어갔다. 무슨 일이 벌어질지

모른다는 건, 앞을 알 수 없다는 건 그런 것이었다. 비싼 스위스제 칼이 괜히 주머니 먼지를 먹어야 하는 일이었다.

러시아 문자 키릴문자와 한글에 공통점이 있다면, 둘 다 '선'으로 표현된다는 것이다. 음, 굳이 공통점을 더 찾아본다면 인간이 발명했다는 것? 아니 이건 모르겠다. 공통점은 물론 유사점도 찾을 수 없었다. 러시아 말은 도저히 알아볼 수도 알아들을 수도 없는 말이었다.

상가의 간판에는 그림이 없어서 들어가 보기 전에는 이 가게가 무슨 가게인지 밖에서는 알 도리가 없었다. 혹독한 추위 때문에 그런 건지 창이 작아 가게 내부가 잘 보이지 않았다. 길을 물어보며 대화를 해본 결과, 하바로프스크 사람들은 10명 중 2명 정도는 영어를 썼다. 묻고 물어 식당을 찾아 들어갔다. 이런, 비싼 식당이었다. 태연히 식당 밖으로 나가 처음부터 다시 시작하기엔 배가 심각하게 고팠다. 그래, 좋은 식도락도 여행이다. 피자를 시켰다.

잠시 후, 영제가 종업원에게 말했다. '물 좀 주시오.' 종업원은 '워터(물)'를 알지 못했다. '워터'를 15가지 방법으로 발음해보았다. 우리의 열정적 워터 연사에 종업원은 '웬 외계인이야.'라는 표정으로 보답해주었다. 드디어 물 마시는 시늉을 했다. '아!'

잠시 후, 서늘한 느낌이 들었다. 이거 호구 인증할 것 같은데. "그 물 설마 돈 내는 거 아냐?" 종업원을 불렀다. "물, 얼마죠?" 종업원은 메뉴판을 가리켰다. 200루블(약 6,000원). 잉, 무슨 물이 6,000원이야. 주문을 취소해야겠어. 하지만 영제는 (분명 당황한 얼굴로) 말했다. "이것도 경험 아닐까?" 굳이 마시지 않아도 되는 물을 6,000원이나 주고 마시는 게 어떤 알고리즘으로 경험이 되는 건지 이해할 수 없었다. 잠시 후 생수 한 병이 나왔다. 영제는 물을 전부 컵에 따르고 한 모금 마셨다. 잔을 상 위에 내려놓았다. "6,000원짜리 물이라 그런지 물맛이…(어쩌고저쩌고)." 영제가 이렇게 말한 것 같다. 그리고 영제 팔꿈치는 물잔을 건드린 것 같다. 물잔이 쓰러졌다. 물이 쏟아져 테이블에 퍼져갔다. 물 마시다 체하지 말라고 버들잎을 띄워준다는 말은 들어봤어도 물을 쏟아주는 건 처음 겪어보는데. 6,000원짜리 물이 눈앞에서 이슬이 되었다.

하, 이영제, 쓰바시바(고맙다, 영제야).

06.
귀국, 여행을 마무리하며

/ 어디부터 어디까지가 세계인 거야?

intro

우리는 그 길을 가야 합니다. 매우 어려운 길이지요. 하지만 강한 이나 지혜로운 이는 멀리까지 갈 수 없습니다. 그 길은 강한 자만큼의 희망을 가진 약한 이가 가야 하는 길입니다. 하지만 역사의 수레바퀴를 움직인 것은 사실 그런 방식이었습니다. 강자들의 눈이 다른 곳에 닿고 있는 동안 작은 손들은 바로 자신들이 해야만 하기 때문에 그 일들을 하는겁니다.

- J.R.R 톨킨, 『반지의 제왕』

큰 깨달음을 얻고 뜻한 바가 있어 귀국을 결심했다… 는 건 양치기 소년 뺨치는 거짓말. 여행이 나를 일취월장시켜줬다거나 앞으로 인생길에 대한 계시를 내려줬다든가 하는 환상은 일어나지 않았다. 여행은 오히려 나 같이 어리바리한 얼치기도 해볼 만하다는 것을, 긴장을 놓는 순간 언제든지 변화의 급류에 순식간에 매몰돼버린다는 것만을 절실히 깨닫게 해 주었다. 파도에 존재가 쓸려가는 느낌이었다. 자신을 잃지 않기 위해 매 순간 모래성을 지켜야 하는 시간이었다.

지난 9개월, 아시아를 거쳐 중동으로 유럽으로, 또 아프리카까지 여행을 다니는 동안 나는 세계여행을 한다고 말하지 못했다. '그런 걸 뭐 굳이….' 하는 남사스러운 마음이 첫 번째 이유였다. 또 다른 이유는 무엇보다 세계란 게 당최 무엇을 말하는 건지, 어디까지를 말하는 건지 나 스스로도 대답할 수 없었기 때문이다. 이미 숨 쉬며 살고 있는 곳, 이곳이 세계인데 마치 세계라는 건 저 너머에 있다는 듯 선을 그어 말한다는 게 우스웠다.

한국에 돌아오니 고국이라는 말이 절로 나왔다. 버스를 타고 있다가도, 전철을 타고 있다가도, 행복감에 미소가 절로 지어졌다. 이렇게 마음 편하게 돌아다닐 수 있다니! 고향이란 이런 것이구나. 귀국 사흘째, 3호선 전철을 타고 집에 돌아가던 길이다.

퇴근 시간이 조금 지나 한산한 전철. 몇 정거장을 지날 즈음, 옆 칸에서 한 남자가 건너왔다. 오그라든 두 손, 전동 휠체어를 탄 정신지체 장애를 가진 것으로 '보이는' 아저씨였다. 휠체어 아저씨는 천천히 전철 안을 지났다. 목에는 박스를 뜯어 만든 푯말이 걸려 있었다. 푯말에는 아래와 같은 손글씨가 적혀 있었다.

검정고시로 고등학교를 졸업했습니다.

보조금이 나오지 않습니다.

대학에서 신학을 공부하고 싶습니다.

껌을 사주세요.

휠체어는 천천히 복도를 지나갔다. 객차의 중간을 지나갈 즈음, 갑자기 어떤 아저씨가 휠체어 앞을 막아섰다. 잠깐의 정적. 휠체어 아저씨는 당황한 듯하였다. 막아선 아저씨가 말했다. "나라에서 주는 정부 보조금으로 잘 살지, 왜 이러고 있는 거요?"

휠체어 아저씨는 더듬거리며 말했다. "보조금… 나오지 않아요…. 아저씨." 가슴에서 쥐어짜 나오는 듯한 목소리였다. 실랑이가 벌어졌다. 보조금 받고 있지 않으냐, 안 받는다. 내려라, 비켜주세요. 퇴근 시간이 조금 지난 전철, 조용했던 3호선. 주변 사람들은 상황을 지켜보았다. 옆에 서 있던 어떤 여성분이 싸움을 막았다.

"보조금 안 나온다고 하잖아요, 아저씨."

막아섰던 아저씨는 '거 말 잘하셨소'라는 듯 이렇게 맞받아 말했다.

"아가씨, 제가 공무원인데요, 보조금 담당하고 있어요. 이런 분들, 보조금으로 월 100만 원 넘게 받는 거 제가 알아요."

그리고 아저씨는 다시 휠체어 아저씨에게 말했다.

"아저씨, 여기 객실에 있는 분 중에 100만 원도 못 버는 분들 많아요. 누구 말 듣고 이러시는 걸 텐데 이러지 마세요."

실랑이는 계속 이어졌다. 결국 목적지에 도착한 공무원 아저씨가 전철에서 내리면서 싸움이 멈췄다. 휠체어 아저씨는 계속 껌을 팔았다.

길을 막았던 그 아저씨가 정말 공무원인지 아닌지, 휠체어 아저씨가 보조금을 받는지 받지 않는지 알 수는 없다. 휠체어 아저씨가 정말 장애인인지부터도 알 수 없다. 분명히 알 수 있던 건, 내가 살아가는 세상의 모습이었다. 장애인이 전철에 나와 껌을 파는 모습이 자연스럽게 받아들여지는 사회. 눈앞에 있는 장애인을 믿을 수 없는 사회. 상류층은 자기들만의 리그를 만들고, 백성들 편 가르기를 하는 사회. 279일 만에 다시 만난 우리 사회의 모습이었다.

누군가에 의해 일반화되거나 가공된 세계가 아닌, 내 눈과 마음으로 진짜 세계를 보고 싶었다. 279일, 난닝구마냥 헐렁헐렁한 여행이었다. 분명 내 눈으로 세계를 보았고, 맛봤고, 만났다. 그렇지만 엄밀히 말하면 내가 본 세계 또한 결국 하나의 이미지가 아닐까. 불교의 세계관에는 인드라망이라는 게 있다. 온 우주의 사물들은 서로 연결되어 있고 그 속의 사물들은 서로를 비추고 있다고 한다. 나는 세상에 비친 나 자신을 보고 다닌 것일 수도 있겠다. 즐거움, 기쁨, 아름다움과 같은 빛도 화, 두려움, 추악한 욕망과 같은 어둠도 결국 세상이 아닌 내 안에 있던 것들이다. 내 마음속에 있었거나 혹은 내가 보고 싶었던 것들을, 세상은 그저 이것들을 내게 다시 보여준 것이다.

미국의 사상가 랄프 왈도 에머슨은 이렇게 말했다.

"사람의 인생은 참다운 낭만이라 하겠다. 용감하게 그 낭만을 살 때 그것은 어느 소설보다도 깊은 즐거움을 창출한다."

World of Wonder, WOW! 세상의 경이로움을 찾아서. 영제와 나의 여행 구호였다. 지나온 깜냥으로 말한다면, 경이로움은 세상 속에 숨어있는 것이 아니었다. 그 존재 자체로 경이로운 것이 세상이었다. 우리 가는 곳 어디든, 무엇을 하든, 무엇을 생각하든, 우리가 지금 서 있는 곳에서 자기 삶의 주인일 수 있다면, 우리 삶 모든 것이 참될 테니까. 그 순간 우린 참다운 인생을 살고 참다운 세상을 만날 테니까.

어디부터 어디까지가 세계인지 답은 우리 안에 있다. 우리는 모두 이미 세계를 여행하고 있다. 걸어야 할 이유가 있다면 길은 있다. 이제까지도 있었고 앞으로도 있을 것이다. 각자의 가슴 깊은 곳에 숨겨진 길을 따라 나아가자. 그 길을 가다 보면 우리 언젠가 만나게 되는 날이, 당신과 내가 만나 함께 세상을 넓혀나가는 날이 있을 것이다. 그날이 머지않았길 기대한다.

에필로그

사랑, 조금 늦거나

야간 대학에 다녔다. 군인일 때였다. 공부가 하고 싶었다. 하지만 본업이 있는 상태에서 대학을 다닌다는 건 생각보다 쉬운 일이 아니었다. 두 마리 토끼를 잡아야 한다는 부담감이 있었고 내가 일찍 퇴근하면서 피해를 보는 주변 사람들에 대한 미안함을 감수해야 하는 일이었다.

막상 찾아간 대학은 실망 그 자체였다. 큰 배움은 없었다. 왜 다녀야 하는 거지? 의미를 찾을 수 없었다. 본업과 학업, 두 마리는 물론이고 한 마리 토끼도 제대로 잡지 못하는 상황이었다. 이 무력함은 나를 곰팡이처럼 음울하게 만들었다. (무좀도 걸렸다) 3학년 2학기가 되었다. 졸업 따위 하든 말든 무슨 상관이야 하는 마음으로 (나중에 교수님께 싹싹 빌었지만) 듣고 싶은 수업을 수강했다. '시 창작론'과 만난 것은 이때였다.

첫 강의 날이었다. 늦여름의 금요일 밤. 어김없이 지각했다. 강의실엔 열 명 남짓한 학생들과 누가 봐도 시인처럼 생긴 시인 교수님이 있었다. 한 학기 동안 우리는 『시란 무엇인가』라는 책을 강독했다. 수업이 끝난 후에는 잠실에 사는 교수님의 차를 얻어 타고 집으로 돌아가곤 했다. 수업 시간에는 시를 읽었고 돌아가는 차에서는 사는 이야기를 했다. 사는 이야기라곤 하지만 사실 그냥 푸념하는 시간이었다. 교수님은 그저 허허, 웃을 뿐이었다. 어두운 서울을 가로질러 흐르던 한강을 기억한다. 시가 인생이고 인생이 시가 되는 금요일 밤이었다.

늦더위가 지난하던 때 시작된 수업은 나무들이 단풍 옷을 벗고 첫눈이 올락 말락 하던 겨울 어느 날 끝났다. 종강 날이 되어서야 시 창작 학생들은 처음으로 학교 앞 치킨집에 다 함께 모였다. 시인 한 사람과 국문학도 네 사람, 경영, 회계학과 학생 둘, 그리고 청강생 한 사람이었다.

시를 공부했던 학생들답게 우리는 각자의 시를 읽었다. 처음이자 마지막이었던 시 창작론 회식. 올락 말락 했던 첫눈처럼 아쉬움이 쌓이는 밤이었다. 교수님은 시 한 구절로 이날을 정리하셨다.

'사랑, 조금 늦거나'

시 창작론다운 마무리였다. 그저 멋진 말이구나 싶었던 구절인데 요즘 이 말을 떠올릴 때면 어디선가 종소리가 들려오는 듯하다. 그래, 사랑은 언제나 열 걸음쯤 뒤에 떨어져서 우리를 따라온다. 딱 그 정도 속도로.

우리 삶에 스승이라고 부를 만한 사람들이 존재하는 건 이 세상을 더 밝고 맑게 보라는 까닭일 테다. 까맣게 잊고 있었는데, 내 여행에 많은 영향을 준 책이 있다. 미국의 자연주의 사상가 헨리 데이비드 소로의 『월든』이라는 책이다. 28세의 소로는 숲에 들어가 '월든'이라는 호수 옆에 통나무집을 지었다. 그리고 2년을 자급자족하며 살았다. 농사를 지었고, 명상하며, 글을 썼다. 『월든』은 그 2년의 시간을 담은 책이다. 1865년, 산업화가 세상을 지배하기 시작하던 때다. 소로는 『월든』을 통해 말했다. 소박한 삶을 통해서만 삶의 진실을 만날 수 있다고. 소로는 이런 편지를 남겼다.

제가 당신에게 숙제를 하나 주겠습니다.
산을 오른다면 그것이 궁극적으로 어떤 의미를 갖는지 정확하고 빠짐없이 적어보십시오.
당신의 경험에서 중요했던 모든 것을 적어보고 만족할 때까지 고쳐 쓰고 또 써보십시오.
당신이 산에 올랐던 이유를 당신 자신에게 설명해보십시오.
산을 오르는 데는 시간이 별로 들지 않았겠지만 진정으로 산의 정상에 오른 적이 있습니까?
그렇다면 정상에서 무엇을 보았습니까? 모든 것은 그런 식으로 입증됩니다.
산 정상에 올라 상쾌한 기분을 느끼지 못했다 해도 상관없습니다.
일단 정상에 오르면 우리는 더 이상 오르지 않을 테니까요.
어쩌면 집에 돌아온 후에야 우리는 진정으로 산에 올랐다고 말할 수 있을 겁니다.
산이 뭐라고 말하던가요.
산이 무엇을 하던가요.

279일, 나름 소박한 여행을 하고자 했다. 상업주의 껍데기 속에 가려진 삶의 진실을 보고 싶었다. 다른 나라 사람들은 어떻게 사는지 보고 싶었다. 산다는 건 무엇일까, 인간이란 무엇일까. 눈으로 보는 것, 머리로 아는 것을 넘어 느끼고 싶었다. 각 나라의 음식문화를 이해하고 싶었다. 먹는 것이 결국 그 사람이고 그 사람들이 모여 만드는 것이 문화니까. 길거리 음식을 주로 먹었다. 식중독에 걸렸다. 사람들의 삶을 보고 싶었다. 가는 동네마다 시장바닥을 기웃거렸다. 날강도를 만났다. 무엇이 문화를 다르게 만드는 걸까. 경계 이상의 경계, 행정적 경계인 국경을 넘어 문화가 바뀌는 경계를 보고 싶었다. 버스를 타고 나라와 나라 사이를 이동했다. 장거리 버스는 허리가 끊어질 것 같은 기분을 맛보게 했다. 겸손한 자세로 사람들을 만나고 싶었다. 거지처럼 다녔다. 그냥 거지 같았다.

여행이라는 산을 오르며 나는 무엇을 보았을까. 여행은 내게 무엇을 말해 주었을까. 나는 진정으로 여행을 다녀온 걸까. 여행은 내게 궁극적으로 어떤 의미였을까. 여행에 돌아온 나는 왜 귀촌을 했을까. 여행을 떠났던 이유만큼 귀촌을 한 이유를 설명하기 힘들다. 정확하게 말하면 여행을 떠날 준비가 됐기 때문에 여행을 떠났던 것이고, 똑같은 이유로 귀촌을 한 것이다. 인생의 시점마다 마주해야 했던 고민. 그 답을 찾기 위해 책을 읽었던 것처럼, 제대를 한 것처럼. 다음 고민과 마주할 준비가 되었던 것뿐이다. 끝나지 않는 고민과 두려움, 삶의 기쁨과 감탄, 마음속에서 불어오는 바람과 방황. 스스로 납득할 만한 답을 찾아. 지금 이곳에 살아있음을 위하여.

사랑이 조금 늦게 오듯, 우린 답을 찾을 거다. 늘 그랬듯이.

삶이여, 만세.

여행을 떠나기 전부터 우린 영상을 만들 생각이었다. 보고 느낀 것을 함께 나누고 싶었다. 유명해지고 싶은 마음도 살짝, 99% 정도. 처음엔 사진 슬라이드 수준을 생각했다. 그래서 태블릿PC를 샀다. 몇 번 영상을 만들다가, 조금 더 욕심을 내 맥북을 사게 됐다. 가벼우며 영상 작업에 적합한 노트북은 맥북이었다. 퇴직금 1호 물품, 맥북. 내 생애 가장 비싼 물건과 여행을 떠나게 되었다. 덕분에 조금 무거운 여행이 되었다. 영제는 중고 맥북을 샀고, 그 녀석은 영제의 여느 물건들처럼 여행 중간중간 문제를 일으켰다. 결국 고물이 되었다. 영제가 중고를 선택한 것이 문제였다고 생각하지는 않는다. 영상에 재주가 있던 영제는 금방 영상을 만들어냈다. 유튜브에서도 영제의 조회 수가 더 높다. EBS 시청자 UCC에 여행 영상을 출품해서 공중파에 방영되기도 했다. 영제의 감각을 나와 영제 어머니만 알고 있다는 게 아쉽다.

동영상을 만드는 일은 상당한 기력이 필요한 일이었다. 현생 유튜버들이 존경스럽다. 지금도 여행하며 찍어만 놓은 영상들을 꺼내 볼 엄두가 안 난다. 그것들은 차차 편집하는 것으로. 하지만 이 영상들 덕분에 기억을 되살리고, 생각을 정리해 글을 쓰는 데 도움이 되었다.

영상에 쓰인 음악은 그때마다 즐겨듣던 노래를 썼다. 감성 멘트로 인한 부끄러움은 우리의 몫. '이곳에선 이런 생각을 했구나' 하시면서 즐겁게 보셨으면 좋겠다.

	제목	한줄설명	제작	QR 코드
1	러시아, 좌충우돌 하바로프스크 여행	러시아는 어느 도시에나 레닌 광장이 있다고 한다. 마피아를 만날까 봐 카메라를 당당히 들 수 없었다.	이영제	
2	러시아, 2박3일간의 시베리아 열차	EBS 시청자 UCC에 선정되어 TV에도 방영된 시베리아 기찻 속 이야기. 시베리아 기차는 중국 기차보다 소란도 없고, 깨끗하기도 하고 양반이다.	이영제	
3	몽골, 만달고비 유목체험	유목 가족과 1,000마리의 양과 일주일을 지내며 생긴 일들. 일주일 동안 똥을 못 눴다.	이동호	
4	중국, 북경에서 사흘을 보낸다면	중국이라는 거대한 나라가 아니라 그 속에서 살아가는 사람들의 모습. 북경은 사람이 많은 만큼 인도가 넓다.	이동호	
5	캄보디아, 앙코르와트 역사의 탄생	우연히 앙코르와트 안에 초등학교를 발견. 역사의 현장 안에서 새로운 세대가 자라는 모습이 신기하였다.	이동호	
6	태국 치앙마이, 사랑할줄 아는 사람들이 사는 곳	볼거리, 먹거리가 많은 치앙마이의 야시장. 친절한 현지 사람들도 매우 인상적이고, 무엇보다 음식이 입에 잘 맞았다.	이동호	
7	인도 캘커타, 가슴과 가슴을 잇는 길	우연한 기회로 찾아가게 된 고아원에서 보낸 일주일.	이동호	
8	터키 이스탄불, 모든 길은 로마로 통한다	자전거(1) - 자전거로 제주도를 한 바퀴 돌아본 패기로 자전거를 샀다. 하지만 터키 이스탄불에서 그리스 아테네까지 무려 1,000킬로미터.	이영제	

	제목	한줄설명	제작	QR 코드
9	터키 이스탄불, 끊이지 않는 고장	자전거(2) - 마냥 신나게 달릴 줄 알았던 우리. 문제는 계속해서 생겨나고 포기하고 싶은 마음이 슬금슬금 자란다.	이영제	
10	그리스 아테네, 바람이 분다	자전거(3) - 무슨 바람이 불어 직장을 그만두었는지, 여행을 떠나게 되었는지. 애처로운 자전거 여행 덕분에 정리한 생각.	이동호	
11	그리스 아테네, 몸은 좋아지겠지	자전거(4) - 자전거 생활은 심신에 좋다고 믿어왔다. 자전거 여행의 교훈은 무엇이든 과유불급.	이동호	
12	그리스 아테네, 빛나던 날들	자전거(5) - 여행 내내 함께했던 영제의 허세와 단순함. 그것이 그립다는 뜻은 아니다.	이동호	
13	그리스 아테네, 달려라 말썽	자전거(6) - 타이어 펑크는 계속되고, 다행히 우리는 항공기 정비사. 끊임없는 문제 속에 영제는 무언가 깨달음을 얻을 수 있을 것인가.	이동호	
14	그리스 아테네, 세상 불행	자전거(7) - 마실 물 없이 산을 넘게 된 우리, 언덕 한중간 눈앞에 나타난 포도밭. 그리스 농민께 민폐 끼친 사연.	이동호	
15	스위스, 부자의 여행	아버지가 배낭을 메고 유럽으로 오셨다. 둘만의 여행은 고등학교 입학을 위해 경남 진주에 갔던 날 이후로 처음.	이동호	
16	이집트, 보이는 것 너머의 세계	스쿠버다이빙을 통해 알게 된 새로운 세상. 경이로움 그 자체의 바다거북과 거대 가오리.	이동호	

	제목	한줄설명	제작	QR 코드
17	사랑해 프로젝트, 여행을 계속 할 수 있었던 힘	주변의 응원 덕에 긴 여행을 계속할 수 있었다. 영제의 아이디어로 시작하게 된 감사 프로젝트.	이영제	
18	영국 런던, 그 밤에 그 밤	여행 중 우린 헤어졌고, 영제는 런던에 잠깐 눌러 앉았다. 영제가 게스트 하우스에서 아르바이트도 하고 어학연수를 하며 보낸 5개월의 시간.	이영제	
19	이집트, 아프리카 오토바이 횡단	덜컥 오토바이를 산 영제. 런던에서 좀이 쑤셨나 보다. 돌격대장 나가신다, 길을 비켜줍시다.	이영제	
20	이집트, 국경의 벽	보이지 않는 벽, 국경에서 멈추게 된 오토바이. 영제는 어떻게 할 것인가. 존 레넌의 노래 '이매진'을 띄어줍니다. 노 컨트리~	이영제	
21	수단, 진정한 아름다움	국경도 막지 못하는 영제의 여행. 멋짐을 포기하면 얻게 되는 것들.	이영제	
22	한국, 그리고 한국에서	여행에서 돌아와 시작하는 생활. 지금 여기서 다시 시작되는 길.	이동호	

청춘의 여행, 바람이 부는 순간

퇴직금으로 세계 배낭여행을 한다는 것

1판 1쇄 인쇄 2015년 5월 15일

2판 1쇄 발행 2020년 1월 10일

지 은 이 이동호

펴 낸 이 최수진

펴 낸 곳 세나북스

출판등록 2015년 2월 10일 제300-2015-10호

주 소 서울시 종로구 통일로 18길 9

홈페이지 http://blog.naver.com/banny74

이 메 일 banny74@naver.com

전화번호 02-737-6290

팩 스 02-6442-5438

I S B N 979-11-87316-57-2 03980